KB110007

위대한 식재료

위대한 식재료

이영미

가장 건강하고 올바른
우리 제철 식재료를 찾아가는 여정

민음사

차례

**쿡방·먹방의 시대,
내 눈은 식재료로 향한다**

1

　음식평론가나 맛 칼럼니스트로 활동하는 분들의 방송이
나 글을 보면서, 이분도 참 힘든 직업을 갖고 있구나 싶은 생
각을 종종 한다. 사람들은 전국 방방곡곡에 찾아다니며 맛
있는 것만 먹고 얘기를 하는 직업이니 얼마나 좋겠냐고 말들
하겠지만, 내가 평론가니 연구자니 하는 것을 해 봐서 안다.
누구나 음식을 먹고 가타부타 말할 수 있다. 하지만 그걸 업
으로 삼고 직함을 걸기 시작하면 자신의 말에 대해 책임을
져야 하는 법이다. 객관적이고 엄정한 평가, 다면적으로 접근
해 보아도 합리성과 일관성을 잃지 않는 태도를 요구받는다.
일반인보다 지식과 경험의 양도 많아야 한다. 연극평론가가
되면 정말 피곤한 날에도 그다지 보고 싶지 않은 연극을 처

음부터 끝까지 봐야 하고, TV드라마에 대한 평론을 하려면 남들은 재미있게 쉬면서 보는 드라마를 메모지 들고 앉아서 빼놓지 않고 봐야 한다.

양은 오죽 많은가. 얼마나 많은 시간을 거기에 소모하는가에 글의 질이 달려 있으니, 음식 전문가들도 엄청나게 발품을 팔고 돌아다니고 위장을 혹사시켜 가면서 온갖 음식을 먹어야 할 것이다. 그래서 나는 음식평론가, 맛 칼럼니스트 같은 직함을 한사코 사양한다. 그건 내가 감당할 수 있는 직함이 아니다. 나는 그저 세 끼 밥해 먹는 보통 사람일 뿐이고, 내가 해먹는 음식과 식재료에 대해 내 경험을 '주관적으로' 얘기하는 사람일 뿐이다. 내가, 음식 레시피나 건강 관련 효능에 대한 내용을 이야기하지 않는 것은 그 때문이다.

이런 내가 또 한 권의 먹거리 관련 책을 내게 됐다. 이번에는 음식이 아닌 그야말로 재료 자체에 대한 이야기, 밥상 위에 오르는 먹거리의 첫 생산자에 대한 이야기이다. 음식 조리에 대한 이야기가 많았던 첫 번째 책, 철철이 시장을 돌아다니면서 쓴 두 번째 책에 이어, 더 깊숙이 음식 재료에만 집중했다.

역시 출발은 호기심과 궁금증이었다. 가끔 식재료를 사면서 '도대체 이건 뭐지?' 하는 궁금증이 인 것이 한두 번이 아니었기 때문이다. 달걀 종류는 왜 그렇게 많으며, 꿀은 어떻게 골라야 하는지, 왜 생협에도 유기농 딸기나 유기농 포도는 찾아볼 수 없는지, 장바구니를 들고 다닐 때마다 늘 이런 궁금증을 품어왔다. 이제 그 궁금증을 풀 때가 됐다 싶었다.

2

연구자로서 거칠게 더듬어 보니, 대중문화에서 먹거리를 다루는 방식 역시 꽤 많이 변해 왔음을 깨닫게 된다. 1970년 대까지 TV의 음식 관련 프로그램의 주 경향은 '요리 강습'이 었다. 하선정, 하숙정 자매, 하숙정의 딸 이종임 등 요리 학원을 운영하는 분들이 요리 강습 프로그램을 맡았고, 주 시청자는 부엌일을 많이 해 온 주부들이었다. 당연히 밥, 김치 같은 기본 음식은 레퍼토리에 오르지 않았고, 계량에 기초한 레시피를 제공하는 친절한 교육이 기조를 이루었다.

요리 강습 프로그램은 아직도 계속되고 있지만, 1980년대에는 새로운 경향 하나가 더 생겼다. 1981년 소설가 홍성유의 책『맛과 멋을 찾아서』가 출간되면서, 특정한 음식을 잘하기로 소문난 전국의 음식점들을 찾아다니면서 쓴 글과 엇비슷한 방송 프로그램이 인기를 모았다. 급기야 1980년대 후반에는 '맛집'이라는 신조어가 신문에까지 등장하기에 이르렀다.

흥미로운 것은 요리 강습의 선생님이 여성이라면, 이 흐름을 주도하는 사람은 중장년 남성이란 점이다. '음식 만드는 여자'와 '외식 하는 남자'의 구도가 선명하게 보이니 참으로 재미있다. 기자인 김순경, 황교익 등이 그 뒤를 이어, 전국적인 식도락의 안내자가 되었다.

특히 이 흐름은 사라져가는 옛 맛을 찾는 것이 중심을 이루었다. 급격한 근대화와 도시화가 몇십 년 계속되어 그 한복판을 지나온 사람들이 어느덧 중년이 되었다. 급격히 사라져가는 옛 것, 고향의 맛에 향수를 느끼는 중년들이 늘어난 것이다. 많은 사람들이 외식을 즐길 만큼 소득 수준이 향상된 것도 바탕이 되었다.

이 바람을 1990년대에는 TV가 이어받아 1993년부터 시작된 KBS의 「맛 따라 길 따라」 부류의 작품이 각 방송사마다 제작되었고, 음식점에는 'TV에 방영된 집' 등의 광고문구가 걸리기 시작했다. 이런 프로그램은 점점 많아져서 TV만 틀면 VJ의 카메라를 통해 온갖 음식들을 지지고 볶는 화면이 제공되는 시대로 진입했다.

2000년대 들어서 새로운 경향이 또 하나 추가되었다. 일본 만화의 영향을 받은 '요리 고수', '달인'에 대한 관심이다. 드라마 「맛있는 청혼」(2000)에서 시작하여 「대장금」(2003)에서 폭발적인 인기를 얻었다. 여기에 전국의 맛집 찾기 경향과 음식 고수·달인에 대한 관심이 결합된 허영만의 만화 『식객』

이 2002년부터 시작된 것도 주목할 만하다.

2010년대로 진입하면서 이 흐름은 TV드라마와 만화 등의 허구의 창작물을 넘어서서, 요리 대결을 예능 프로그램으로 만들기 시작했다. 2003년 「결정 맛 대 맛」 수준을 크게 벗어난 「마스터 셰프 코리아」(2012), 「한식대첩」(2013) 같은 요리 대결 프로그램이 본격적 '쿡방' 시대를 열었다. 「냉장고를 부탁해」(2014)를 통해 화려한 퍼포먼스를 보여 주는 스타 셰프의 시대도 화려하게 개막했다.

이 흐름 역시 지금도 지속되고 있고 여기에 더하여 그저 먹음직스럽게 먹는 화면만을 보여 주는 수많은 먹방들이 TV는 물론이고 다양한 인터넷 매체에 넘쳐난다. 이런 먹방이 식욕 넘치는 젊은이들의 취향이라면, 중노년에 접어든 이들은 건강에 좋다는 식품에 대한 정보를 제공하는 프로그램에 눈길을 보낸다. 나이에 따른 욕망이 어떤지 명확하게 보여 주어 흥미롭다.

이렇게 온갖 매체에 먹거리가 넘쳐나는 시대에, 나는 도대체 뭘 쓰고 있는 건가 싶기도 하다. 그리 강하게 식욕을 부추기지도 않고 건강 효능에 대한 정보도 없으며, 화려한 전문가도 부각시키지 않는, 단순소박하게 식재료에 대한 글을 쓰고 있으니 말이다. 하지만 재료야말로 음식의 기본임을 누차 이야기해왔으니, 나는 여기까지 온 셈이다.

3

책 제목에는 거창하게 '위대한 식재료'라 말했지만, 밥상 위에 오르는 아주 기본적인 품목을 고르고자 노력했다. 소금, 쌀, 달걀, 돼지고기 같은 것 말이다. 사실 따지고 보면 가장 기본적인 것이 가장 위대한 것이 아니겠는가.

기본적인 식재료 중, 생태주의적이고 친환경적으로 재료를 생산하는 곳이 취재 대상 선택의 기본 조건이었다. 기본적인 식재료라 해도 농약이나 화학 비료, 온갖 식품첨가물을 제거하거나 최소화하여 생산하기란 매우 힘들다는 것은, 18년의 시골 생활에서 충분히 체감했다. 사과나무나 열무가 줄기만 앙상하게 남을 정도로 벌레에게 뜯겨 보기도 했고, 통배추를 키우려 해도 도대체 알이 차지 않아 애태우기도 했다. 시장에 나오는 상품이 얼마나 노련한 전문가의 손길이 닿은 것인지는, 텃밭을 조금만 해 보면 금방 안다. 그러니 친환경적인 식재료를 어떤 사람들이 어떻게 만드는지 늘 궁금했던 것이다.

이 책을 쓰면서 그런 궁금증의 꽤 많은 부분이 해소되었다. 흔히 유기농이니 친환경이니 하는데, 일반적인 식재료와 도대체 어느 정도 어떻게 다른 것인지 직접 만나서 물어봤다. 전문가가 아니니 복잡한 시스템까지는 이해하지 못할지라도, 그래도 30년 이상 제 손으로 밥을 해먹고 십수 년 시골에서 텃밭을 가꾸었던 구력이 있으니 일반인 치고는 조금 깊은 부분을 질문할 수 있었다고 생각한다. 글 쓸 때에도 전문가들이 쓰는 용어를 가급적 피하고 일반인들이 알아들을 수 있는 말들로 풀어썼다. '합리적 의심을 품는 좀 까다로운 일반인'의 눈높이에서 묻고 쓴 것, 이게 이 책의 미덕이라면 미덕이다.

4

취재는 재미있었지만 쉽지만은 않았다. 계절에 맞춰 품목을 정하는 것도 쉬운 일은 아니었지만, 더 힘든 것은 취재에 응해줄 생산자를 찾는 일이었다. 여기저기 수소문을 해서 신뢰할 만한 대표적 생산자를 찾아내도 취재를 그리 달가워하지 않는 경우가 많았다. 그분들로서는 하루 종일 손님맞이를 해야 하니 당연한 일이다.

게다가 날씨까지 예측해야 한다. 취재 약속을 다 해놓고도 촬영을 할 수 없을 정도로 날씨가 나쁘면 취재를 접어야 했다. 몇 번 미뤄지다 보니 계절이 바뀌어 그 품목을 취재할 수 없게 되기도 했다. 특히 바다로 취재를 가는 경우에는 '하늘'과 '용왕님'을 믿는 수밖에 도리가 없다는 말을 실감했다.

늘 그랬지만, 연재 글을 단행본으로 묶으면서 많이 고쳐 썼다. 원고 분량도 많이 늘어났다. 글마다 각 식재료 구입 때

도움이 될 만한 사항을 쌀박하게 덧붙였고, 책의 끝에는 이런 식재료 생산을 유지하게 하는 유통과 소비에 대한 이야기를 더 넣었다. 위대한 식재료로 시작했지만, 결국 이 책은 그저 소박한 소비자인 나로 되돌아오는 길이었다.

2018년 한여름

북한산 자락에서 **이영미**

한국인에게
가장 중요한 식재료

소금 _____

1

쌀 _____

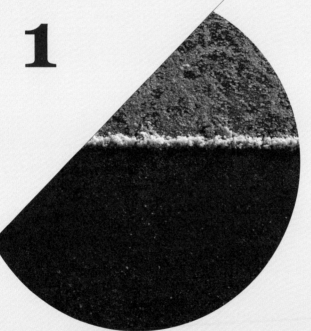

장 _____

소금

하늘이 내린 귀한 선물,
토판염

흔하지만 가장 소중한 식품

좋은 소금을 만나러 가는 길은 멀고도 험했다. 제철의 좋은 식재료를 생산 현지로 찾아가 눈으로 확인하며 이야기를 해 보고자 한 이 시리즈를 기획하면서, 첫 회의 이야깃거리로 망설임 없이 선택한 것이 바로 소금이었다. 셰익스피어의 『리어왕』에서 착하고 정직한 막내딸은 최고 권력자 아버지의 존귀함을 소금에 비교하여 노여움을 샀다. 소금이란 게 이렇다. 평소에 귀한 취급을 받지 못하지만, 따져 보면 가장 귀한 먹을거리가 아니던가.

　최근 몇 년 들어 소금이 꽤 귀한 먹을거리로 취급되기 시작했다. 깜짝 놀랄 만큼 비싼 값의 귀한 소금이 시판되어 뜨거운 논쟁의 한복판에 놓이기도 한다. 물론 일반적으로 많이 쓰이는 소금 값은 여전히 싸다. 생선을 사면서 "절여 주세요."라고 한마디만 하면 어물전 주인은 당연히 굵은소금을 아낌없이 뿌려 주고, 왕새우를 구울 때도 팬에 굵은소금을 한 가득 깔아 놓고 구운 후 그 많은 소금을 다 버린다. 요즘은 많이 사라졌지만 목욕탕에 소금이 한 바가지씩 놓여 있던 때도 있었다. 소금이 정말 살을 빼는 데에 효험이 있는지는 잘 모르겠지만, 소금을 이렇게 마구 써도 되나 하는 생각이 든 때가 많았다. 이렇게 쓰이는 소금은 대부분 아직도 그리 비싸지 않다. 그런데 어느 때부터인가 소금 고르기가 까다로워졌고 값비싼 소금이 나오더니 결국엔 논쟁거리로 부상하기까지 했다.

　쟁점의 한가운데에 천일염이 있다. 유명한 음식 평론가가 우리나라 천일염이 불결하다고 비판하자, 천일염 업자들이 반발하며 논쟁이 붙었다.

천일염, 제재염, 정제염…… 복잡한 소금의 세계
　불과 30~40년 전만 해도 천일염 굵은소금은 김치를 절이거나 장을 담글 때 썼다. 바닷물을 햇볕에 말려, 자연적인 정육면체의 결정이 고스란히 살아 있는 굵다란 소금 말이다. 엉성한 자루에 담겨 됫박으로 팔리던 가장 값싼 소금이지만, 검은 갯벌 흙과 잡티들이 섞여 있어서 음식에 바로 넣는 일은 잘 하지 않았다. 흔히 간수라 부르는 염화마그네슘을 빼어 쓴맛을 줄이는 과정은 기본 중의 기본이다. 그렇다고 잡티까지 제거되는 것은 아니다. 김치 담글 때에는 굵은소금에 절인 배추를 물에 깨끗이 헹구어 썼고, 장 담글 때에도 소금물을 풀어 대여섯 시간 동안 흙과 잡티를 가라앉힌 후에 윗물만 떠서 썼다. 천일염이란 각종 이물질이 섞인 바닷물을 자연적으로 건조시킨 것이니, 흙이나 잡티가 섞이는 것은 자연스러운 일이다.

천일염이 이렇다 보니, 국을 끓이거나 나물을 무치는 등 음식에 직접 넣는 소금은 따로 만들어 팔았다. 굵은소금보다 훨씬 하얗고, 입자도 조금 작으며 육면체의 결정도 다 부수어져 있는 형태로, 흔히 '고운소금' 혹은 '가는소금'이라 불린다. 식품 용어로는 '재제염'이라 하고, 상품명으로는 '꽃소금'이라 이름 붙인 것들이 많다. 천일염을 녹여 이물질을 걸러 내고 다시 건조시킨 소금이다.

'재제염'과 흔히 헷갈리는 것이 '정제염'이다. (이런 식품 용어가 자꾸 나오니, 슬슬 골치가 아파지기 시작할 것이다. 하지만 이

깨끗하지 못한 소금으로 인식되던 천일염이 웰빙 바람을 타고 극적으로 부활했다. 그에 따라 깨끗한 고급 천일염이 등장했다.

런 정도는 알아야 신문이나 뉴스에 나오는 기사를 이해할 수 있으니, 이 책에서도 피할 도리가 없다.) 정제염은 육안으로 보면 백설탕과 거의 구별되지 않을 정도이다. 육면체의 결정 입자 모양이 살아 있는 굵은소금 천일염은 물론이고, 깨알 정도 크기인 고운소금 제재염에 비해서도 현저하게 가늘다. 아마 50대 이상 주부들은 '한주소금'이라는 이름의 이 소금이 처음 가정용으로 시판되었을 때를 기억할 것이다. 좀 비싸고 깨끗한 소금이라고 사 왔고 생김새는 설탕 같았는데, 맛을 보니 정말 어마어마하게 짰던 기억 말이다. 맛을 보다가 '으악' 소리를 질러 본 경험이 있을 것이다. 그러다 보니 국이나 나물에 넣을 때에도 양을 가늠하지 못해 종종 간이 안 맞는 경우가 생겼고, 오로지 짠맛밖에 없어 음식의 맛을 내기가 힘들었다. 게다가 부엌에서 설탕과 소금이 헷갈리는 일이 종종 생겼다.

이 정제염은 화학적 방식으로 순수한 염화나트륨만 뽑아낸 것이다. 그런 점에서 거름망으로 이물질을 걸러 낸 제재염(고운소금)과는 완전히 다른 소금이다. 그러니 다른 맛이 전혀 없이 오로지 짠맛만 있는 것이다. 가장 순수한 소금이므로 바닷물의 이물질 같은 것은 걱정하지 않아도 되고 식품 표준화에도 유리하다. 식품업계에서는 당연히 이 정제염을 썼고, 근대화를 선호하는 집에서도 이 깨끗한 정제염을 쓰기 시작했다.

천일염의 극적인 귀환

반전은 웰빙 바람을 타고 일어났다. 자연적인 것이 비과학적이고 낙후된 것이며 인공적인 것이 과학적이고 선진적인 것이라는 '근대적' 믿음이 어느 때부터인가 깨어지기 시작했다. 아무리 근대의 학문이 발달했다 하더라도 인간의 이성이 이 세상을 이해하는 수준이 여전히 미미하다는 것을 받아들이게 되면서이다. 자연적인 것이 새로운 가치로 부상하면서 천일염이 재평가를 받았다. 정제되지 않은 원시적인 소금이 아니라 미네랄 등 다양한 성분을 포함하는 소금으로, 순수한 염화나트륨밖에 없는 정제염보다 훨씬 가치 있는 소금으로 인정받기 시작한 것이다.

왜 이런 현상이 나타났을까? 성분 분석의 결과만으로는 이런 반전이 대중화되기는 쉽지 않다. 아마 정제염의 그 순수한 짠맛이 걸림돌이지 않았을까 싶다.

음식의 맛이란 원래 복잡한 것들이 뒤섞이며 만들어지는 것이다. 그런데 정제염은 오로지 순수하게 짠맛, 그 한 가지뿐이었다. 천일염이 지닌 복잡한 맛을 인위적으로 제거한 소금이기 때문이다. 그러니 국과 나물에 정제염을 쓰면 맛이 잘 살아나지 않아 간을 맞추기 힘들었다. 게다가 설상가상으로 집에서 담그는 조선간장이 점차 사라졌다. 짠맛을 내는 데에 오로지 소금만을 쓰는 사람이 늘어나면서 문제가 더 심각해진 것이다. 간장이야말로 짠맛에 여타의 복잡한 맛을 더한 조미료이다. 그러니 국 끓일 때에 넣는 조선간장 한 숟가락이 맛을 좌우하게 되는 것이다. 그런데 간장을 넣어야 하는 곳에 오로지 짠맛뿐인 정제염을 넣어 맛을 내려니 맛이 나지 않았다. 여태까지의 방식으로는 도대체 음식을 제대로 할 수가 없었던 것이다. 그러니 화학조미료(흔히 '미원'이라 불리는), 복합조미료(흔히 '다시다', '감치미'라 불리는) 등을 많이 쓸 수밖에 없었다. 정제염에 결여되어 있는 감칠맛을 낼 방법이 이것밖에 없었던 것이다. 음식은 점점 과도하게 들척지근해졌다.

화학조미료와 복합 조미료를 쓰면서도 사람들은 불만족스러웠다. 들척지근한 감칠맛과 고기 향 등이 워낙 강해서, 지나치게 쓰면 재료의 원래 맛을 훼손하는 경우가 많았기 때문이다. 미원과 다시다를 넣지 않은 채 깔끔하게 재료의 맛을 살리는 그런 맛이 다시 그리워졌다. 설상가상으로 화학조미료로 자극적으로 바뀐 입맛은 짠맛에도 둔감해져 소금기 많은 음식을 점점 선호하게 되었다. 염분이 고혈압 등에 나쁜 영향을 미친다고 생각하니, 소금이 정말 문젯거리가 되었다.

게다가 화학조미료 즉 MSG가 몸에 나쁘다는 연구 결과들이 발표되면서 화학조미료도 점점 쓰기 싫어졌다. 물론 이런 연구의 결과란 수시로 뒤집어진다. 몸에 나쁘다, 근거 없는 주장이다, 잘못된 실험이었다, 소량만 쓰면 몸에 문제없다 등의 설이 계속 제기된다. 문외한인 나는 이에 대해 근거 있는 주장을 할 수 없다. 오로지 '내가 확신하는 주관적인 맛'에 대해 말할 뿐이다. 음식 해먹기를 즐기는 나에게도 화학조미료와 복합 조미료는 '마법의 가루'이다. TVN의 예능 프로그램 「삼시세끼-어촌편」의 '차줌마' 차승원이 "다시다는 포기못 해."라고 못 박으며 나영석 피디가 보지 않는 사이에 몰래음식에 넣는 마음을 충분히 이해한다. 나도 어쩌다 음식 맛이 제대로 나지 않으면 막판에 복합 조미료를 조금 넣어 맛을 낸다. 물론 논쟁 중인 식품이니 적게 쓰려고 노력하기는 하나 아주 안 쓸 수는 없다. 하지만 분명한 것은 옛날 방식으로 음식을 하며 확실히 화학조미료를 덜 쓰게 된다는 점이다. 예컨대 정제염 대신 천일염을 쓰거나 조선간장·젓갈 등으로 짠맛을 내면 화학조미료 없이 음식 맛을 제대로 내기가 쉬워진다.

소금 논쟁? 내 선택은 맛!

그래서 나는 천일염이 필요했다. 고깃국이나 웬만한 나물은 조선간장을 쓰면 된다고 치자. 하지만 콩나물국, 달걀찜처럼 간장이 아닌 소금 간의 맛으로 먹어야 하는 음식들은 문제였다. 미역국에는 반드시 조선간장이 필요한 데 비해, 콩나물국은 역시 소금으로 간을 해야 제맛이다. 국물이 노르스름해질 때까지 폭 끓인 콩나물국은 맛있는 소금 한 숟가락을 냄비에 풀어 넣어야 완성된다. 맛있는 소금은 진한 콩나물 국물의 향취를 해치지 않으면서 시원하고 깨끗한 국을 만들어 준다. 또한 숙주나물이나 무나물처럼 하얗고 깨끗한 나물에 소금 간을 고집하는 입맛이라면, 맛이 복잡한 좋은 소금은 반드시 확보해야 하는 식품이다.

이런 생각을 하는 사람이 어디 나뿐이랴. 이러니 천일염은 어느 시점엔가 다시 식탁으로 돌아왔다. 그런데 중국에서 질 낮은 천일염이 들어오면서 문제는 더 복잡해졌다. 이제 사람들은 소금을 잘 골라 먹어야 한다는 생각을 하게 된 것이다. 값싼 수입 소금으로 김장을 망쳤다느니, 젓갈 맛이 예전 같지 않다느니 하는 소리가 잦아졌다. 모두들 소금에 예민해지기 시작했고, 우리나라 천일염을 다시 찾는 붐이 일었다. 걸리적 거리는 것을 감수하고서라도 아파트 베란다에서 좋은 국산 천일염을 일 년 이상 체에 받쳐 놓아 손수 간수를 빼는 극성 스러운 사람들도 생겨나기 시작했다.

흔히 천일염을 쓰는 이유로 거기에 포함된 몸에 좋은 미네 랄을 거론한다. 소금을 먹을 때에 몸에 좋은 미네랄을 함께 섭취하면 물론 좋을 것이다. 하지만 나는 미네랄의 효능 때문 에 천일염을 선택한다는 단순한 논리는 좀 아니다 싶다. 천일 염을 비판한 황교익 음식 평론가의 주장처럼, 섭취해야 하는 미네랄 총량을 채우려면 미네랄은 다른 식품으로 보충하면 된다. 소금은 어차피 소량을 쓰는데, 몸에 좋은 미네랄의 섭 취가 소금으로 엄청나게 이루어질 것이란 생각은 그리 타당 성이 없다. 물론 미네랄이 풍부한 소금이 몸속에서 좋은 기 능을 한다는 등 다른 논리가 있지만, 이에 대해서는 문외한 인 내가 이야기할 수 있는 바가 아니다.

결국 내 선택의 근거는 건강이 아니라 맛이다. 몸이 아니라 입이다. (아, 망할 놈의 예민한 입맛!) 천일염의 복잡한 짠맛 말 이다. 인위적으로 만들어진 정제염의 단순한 짠맛에다가 인위적으로 무언가를 더 넣어 만든 맛이 아닌, 그냥 천일염 자체의 복잡한 맛이 그리워서이다. 다양한 미네랄이 섞여 있다는 점도, 건강에 좋다는 이유가 아니라 그 다양한 미네랄 때문에 복잡하고 풍부한 짠맛이 만들어진다는 점에서 더 의미가 있다고 생각한다. 복잡한 짠맛, 나한테는 그게 핵심이다.

최고의 천일염을 찾아서

음식의 기본 중의 기본인 소금, 그중에서도 좋은 천일염을 찾아보겠다고 결정해 놓고 내심 얼마나 흐뭇했는지 모른다. 하지만 이것이 얼마나 무모한 결정인지 깨닫는 데에는 그리 오래 걸리지 않았다.

전남 신안군의 염전은 매우 먼 곳이었다. 우리가 정한 곳은 신안군 신의도, 한반도의 끝인 목포항에서 배를 갈아타고 세 시간이나 더 가야 하는 곳이다. 아침 일찍 서울에서 출발하여 '하루 왼종일' 그저 가기만 해야 하는 곳이었다. (이럴 때에는 '온종일'이 아니라 '왼종일'이라 발음해야 '웬수' 같은 징글징글한 느낌이 제대로 산다.) 도착하니 저녁이 되었고 이미 그날 취재는 종 쳤다. '첫 취재부터 1박 2일이라니! 담당 기자와 사진작가, 사진 장비를 실은 신문사 차를 운전할 기사까지 대동하고, 전남 땅끝까지 달려가 다시 배를 타고 섬으로 들어간다? 도대체 내가 무슨 짓을 한 거야!' 하는 후회가 밀려왔다.

하지만 더 큰 장애는 날씨였다. 정말 취재 날짜를 잡는 것이 임금님 혼인 날 잡는 것보다도 힘들었다. 염전에서 소금 긁는 모습을 보려면 해가 쨍쨍 나는 여름에 가야 한다. 소금 생산은 기온이 오르는 5~6월부터 시작하여 가을에 끝을 내며, 가장 좋은 소금은 한여름에 생산된다. 이렇게 좋은 여름 날 생산된 소금은 아주 하얗다. 그에 비해 햇발이 좀 약한 봄과 가을에 생산된 소금은 투명한 기운이 조금 강해진다. 이런 소금은 질이 떨어지는 소금이다. 그러니 좋은 소금을 만나려면 어쩔 수 없이 무더위를 무릅쓰고 한여름에 취재를 해야 한다.

그런데 여름은 비가 자주 오는 계절이다. 하필 그해 8월 내내 비가 오락가락했다. 사흘 동안 계속 햇볕이 나야 소금을 긁을 수 있는데, 사흘 연속 해가 나는 날이 없었다. 취재 결정을 해 놓고도, 하늘만 쳐다보며 날짜를 미루고 또 미루었다.

8월 말에 겨우 반짝 하고 해가 나기 시작했다. 소금 한 번 알현하기가 이렇게도 힘들다니! 구시렁거리며 어렵사리 날짜를 잡았다. 찾아간 염전은 '토판염'으로 유명한 신안머드쏠트 영농조합법인의 염전이었다.

염전 바닥의 검은 비닐 장판을 걷어 버리고

토판염(土版鹽). 여기에서부터 또 설명이 필요하다. 쉽게 말해 흙 위에서 만드는 소금이란 뜻이다. 바닷물 밑은 다 흙이니, 옛날 염전은 다 토판 염전이었다. 그러다가 비닐이 흔해지면서 염전 바닥에 까만 비닐을 깔고 그 위에서 소금을 만드는 방법이 일반화되었다. 소비자들이 천일염의 시커먼 이물질을 꺼려 깨끗한 색의 소금을 선호하는데, 흙 위에 장판을 깔고 그 위에서 소금을 만들면 검은 흙이 섞이지 않은 깨끗한 천일염을 만들 수 있었다. 게다가 검은색 장판은 태양열을 잘 흡수하여 소금이 두 배나 빨리 생성된다. 생산자에겐 일석이조이다. 이런 소금을 '토판염'과 구별하기 위해 '장판염'이라 불렀다.

그런데 처음에는 첨단 문물이라 생각했던 비닐이 어느 때부터인가 꺼림칙하게 느껴지기 시작했다. 거기에서 무슨 성분이 나와 소금에 섞일지 알 게 무언가 말이다. 게다가 뜨거운 햇볕까지 받으니 더욱 찜찜하다. 천일염 비판에서도 이 비닐 장판이 문제였다. 황교익 음식 평론가는 자신의 비판에 반발하는 천일염 업자들에게 이런 내용으로 반박했다. '소금에 유해 성분이 들어 있는지 아닌지에 대해서는 업자들이 증명해 보여 줘야 하는 일이다. 내가 그것을 증명할 의무는 없다. 단 나는 음식 평론가로서 염전의 까만 비닐 장판 밑에서 개흙이 썩는 냄새가 나는 것은 충분히 지적해야 마땅하다고 생각한다. 게다가 뜨거운 햇볕을 계속 받은 장판이 부스러져 소금에 섞이지 않는다는 보장이 어디 있는가.' 구구절절 맞는 말이다. 나도 충분히 이 의견을 지지한다. 나 역시 염전에서 검은 비닐 장판을 보는 순간 '뜨거운 여름 햇발을 받는 저 비닐은 환경 호르몬 같은 것과는 무관할까? 저건 몇 년이나 쓰고 교체하는 걸까?' 하는 생각을 했으니까 말이다.

토판염이란 이 비닐 장판을 걷어 버리고 옛날 방식으로 흙 위에서 만든 소금이다. 이 업체의 박성춘 대표는 장판염이 주도하는 염전들 한복판에서 다시 토판염을 시도한 대표적인 몇 명 중의 하나이다. 젊었을 때에는 육지에서 다른 직업의 일을 했다. 그러다 아버지 뒤를 이어 염전 일을 했던 형의 죽음을 계기로 그는 육지에서의 삶을 접고 고향의 염전으로 돌아갔다. 2007년 나폴리에서 열린 세계소금박람회 등을 돌아다니며 천일염에 확신을 얻은 후, 과감하게 장판을 걷어 버렸다. 세계적 명품이라는 프랑스 게랑드 소금과 비교해 보니, 자신이 생산한 토판염이 염도도 낮고 맛도 좋다는 확신이 생겼다. 세계 수준이 이 정도면 충분히 경쟁력이 있겠다고 생각했다.

장판염에 비해 월등하게 높은 생산비가 문제이긴 했다. 그래도 이제 소금의 질을 따지는 시대가 열리고 있으니, 고급한 소금으로 차별화하면 승산이 있겠다 싶었다.

특품만 생산하기로 마음먹다

토판염은 비싸다. 같은 노동으로 생산할 수 있는 양이 적고, 소금 긁는 일도 아주 예민하게 해야 하기 때문이다. 바닥이 축축한 흙이니 마르는 시간이 장판에 비해 두 배 더 걸린다. 그래서 토판염 이야기가 나온 지 꽤 됐어도 여전히 생산자는 열 손가락을 채 꼽지 못한다.

이보다 더 결정적인 것이 있다. 도시의 소비자들은 당연히 하얗고 깨끗해 보이는 소금을 선호한다. 그런데 토판에서 소금을 긁으면, 밑바닥의 흙물이 섞여 소금의 색이 회색이 된다. 바닥에 비닐 장판을 깐 장판 염전에서는 소금을 힘주어 몇 번씩 박박 긁어도 된다. 하지만 토판염은 흙이 섞이지 않을 정도로 살살 윗부분의 소금을 긁어야 한다. 두 번째 긁는 소금은 색이 진해지고, 세 번째 것은 더 검어진다. 이런 소금은 아무리 토판염이라고 해도 소비자들이 꺼림칙하게 여길 수밖에 없다.

박 대표의 선택은 윗부분의 깨끗하게 뽀얀 우윳빛 소금만 판매하는 것이었다. 두 번, 세 번 긁어도 소금이 나오고, 박 대표의 판단으로는 먹어도 지장 없는 정도라 생각하지만, 눈 딱 감고 포기하기로 했다. 남은 것은 다시 바닷물에 녹여 처음부터 공정을 다시 시작한다.

공정은 거칠게 소개하면 이렇다. 오수(汚水)의 영향을 직접

토판 염전에서 소금을 긁는 일은 고난도의 작업이다. 무거운 밀대를 살살 밀어 밑바닥의 흙이 올라오지 않게 해야 한다.

받지 않는 깨끗한 바닷물을 끌어와 물을 증발시키는데, 이 과정이 아주 여러 단계로 긴 시간에 걸쳐 이루어진다. 최종적인 진한 소금물(이것이 소금의 원료인 셈이다.)을 저장 장소에 모아 두고, 해가 쨍쨍 나기를 기다린다. 그리고 토판을 청소하고 정리하는데, 테니스장에서 쓰는 무거운 롤러로 단단히 다진다. 그 위에 진한 소금물을 들여와 사흘 볕에 말린 후 소금 결정이 생기면 밀대로 밀어 소금을 긁어내는 것이다. 박 대표는 맨 위에서 살살 긁은 하얀 특급 토판염만 걷고 나머지는 다시 진한 소금물과 뒤섞어 버린 후, 물을 빼고 토판을 다지는 방식으로 생산을 하는 것이다.

이렇게 생산하려니 품이 보통 드는 게 아니다. 매번 토판을 정리하고 다지는 일이 아주 힘든 일이다. 게다가 너무 세게 긁으면 밑의 흙이 따라 올라오니, 살살 긁어야 한다. 무거운 밀대를 살살 미는 것, 이게 쉽지 않다. 힘 조절을 아주 잘해야 한다. 긁어 밀어놓은 소금을 자루에 담는 일도 고난도이다. 기껏 깨끗이 생산한 소금에 조금이라도 불순물이 섞이면 안 되기 때문이다. 아내와 아들이 하는 삽질은 마치 딸기를 다루듯 조심스럽다.

이렇게 힘드니 토판염을 하는 사람의 수는 매우 적다. 2011년 기준으로 우리나라 1300개 염전 중 딱 10개의 염전에서만 토판염을 생산하고, 생산량으로 보면 1퍼센트에 불과하다. 물론 이들이 모두 박성춘 대표처럼 특품만 생산하는 것은 아니다. 두 번, 세 번 긁어 회색빛이 도는 소금까지 생산하는 곳이 많다. 사실 다른 나라에서는 토판염을 '회색 소금'이라 부르기도 하니, 이것이 보편적인 토판염이라고도 할 수 있다.

두 번째 긁은 회색 소금이 나쁜 것이라고는 생각지 않는다. 단 도시 소비자가 꺼림칙하게 여길 뿐이라고 박 대표는 말한다. 박 대표가 특품만 생산하는 것은 최고의 명품을 만들어 토판염의 성공 모델을 만들고 싶어서이다. 특품은 당연히 회색 토판염보다 월등하게 비싸다. 하지만 비싸지만 좋은 고급 소금이라는 인정을 받아야 장판염이 주도하는 시장에서 토판염이 살아날 수 있다고 박 대표는 믿고 있다. 그래서 아깝지만 나머지는 그냥 물에 녹여 버리기로 한 것이다.

어머머, 소금이 날개를 펴네!

그는 여기에 머물지 않았다. 특품 토판염보다 한 등급 위의 소금을 생산하기로 한 것이다.

소금이 결정이 되어 하얗게 꽃피는 순간, 토판 염전에는 소금 결정이 동동 뜨는 현상이 나타난다. 육면체의 소금 양옆으로 잠자리날개처럼 결정이 생겨 소금이 잠깐 동안 물 위에 뜨는 것이다. 그 순간을 놓치지 않고 이것을 체로 떠내면 정말 깨끗한 소금이 나온다.

그는 그것을 '하늘이 가끔 내려주시는 선물', '바람꽃 소금'이라 했다. 소금이 날개를 펴는 것은 '날이면 날마다' 볼 수 있는 게 아니고, 해와 기온과 바람이 맞아야 그런 현상이 나타난다. 게다가 작은 체를 들고 손으로 일일이 떠내야 하고, 시간이 조금 지나면 가라앉아 버린다. 그러니 이런 소금은 판매할 물량이 나오지는 않는다. 아직은 그저 지인들에게나 특별히 판매하는 수준이란다.

이런 말을 들으니 이 광경을 꼭 보고 싶었다. 1박 2일 동안

소금을 밀어낸 뒤 드러난 염전 바닥. 까만 개펄 흙 위에 물 흔들림의 흔적을 고 스란히 드러낸 채 결정된 소금은 마치 우주의 별무리를 보는 듯 신비로웠다.

묵으며 소금 생산의 과정을 훑어본 김에, 이것까지 보고 가면 얼마나 좋으랴 싶은 마음이었다. 하늘 보고, 먼 산 한 번 보고, 그렇게 기다렸다. 그러다 어느 순간, 정말 소금이 물 위에 뜨기 시작하는 것이 아닌가! 날개 달린 소금, '바람꽃 소금'을 목격하는 행운을 얻었다.

소금 맛은 모두 다르다

소금 맛은 참으로 오묘했다. 내 생전에, 그렇게 많은 소금을 놓고 비교하며 먹어 본 것은 처음이었다. 십여 가지 소금 맛이 다 달랐다.

여러 소금을 놓고 비교하니 확실히 토판염은 장판염에 비해 짠맛이 빨리 사라지면서 뒤끝이 달착지근했다. 토판염 중에서도 하얀 특품의 토판염 맛이 회색의 토판염보다 더 깨끗했다. 게다가 날개 달린 '바람꽃 소금'은 맛이 더 깨끗하고 더 달았다.

그날 저녁 우리는 섬에서 며칠 만에 잡혔다는 민어를 회로 먹었는데, 박 대표는 참기름을 약간 섞은 소금을 함께 내놓았다. 회를 소금에 찍어 먹다니, 금시초문이다. 그런데 부드럽게 숙성된 민어 살에 깔끔하고 감칠맛 나는 소금이 어우러지는 이 맛, 참 별미였다.

그러니 좋은 맛의 음식을 위해서는 좋은 소금이 필요하다는 생각을 아니할 수 없다. 문제는 가격이다. 이런 귀하고 비싼 소금에 김장배추를 절이거나 간장을 만들 수는 없는 노릇 아닌가. 그도 토판염 생산비를 낮출 수는 없을까 하는 고민을 하며 이런저런 실험을 하고 있었다. 염전 한두 판에는 비닐 장판 대신 타일을 깔기도 하고, 황토로 초벌구이 벽돌을 구워 깔아 놓기도 했다. 둘 다 흙바닥 정리를 할 필요가 없고 소금 긁기도 쉬워지니 생산비를 낮출 수 있는 방식이다. 그러나 맛이 좀 덜하다. 타일 판에서 생산된 소금은 장판염이나 다를 바 없고, 황토 벽돌 판에서는 좀 나은 맛이 나오기는 하지만 일반 토판염보다는 못하다는 것이다. 흙바닥에서 우러나오는 맛이 사라졌기 때문이다.

그러니 소금의 오묘한 맛은 바다의 벌흙에 섞인 복잡한 성분이 어우러져 만들어 내는 것일 터이다. 아이러니하지 않은가. 천일염을 녹인 물에 가라앉은 검은 벌흙이 거부감이 나는데, 바로 그것이야말로 오묘한 맛의 원천이라니 말이다.

하얗고 뽀얀 소금을 고를 것

이 취재를 한 후, 나는 줄곧 토판염을 먹는다. 살 때마다 손이 부들부들 떨릴 정도로 비싸기는 하다. 하지만 양념용으로 쓰는 소금은 1년 내내 먹어봤자 얼마 되지 않으니 가계에 부담이 될 정도는 아니다. 손이 떨리는 것은 소금이 싼 식재료라는 인식에서 나오는 것이다. 김장이나 장을 담글 때처럼 많은 양을 쓰는 소금은 일반 천일염(장판염)이나 고운소금을 쓴다. 물론 웬만한 음식의 간은 조선간장이나 젓갈 등으로 맞추니, 정작 직접 넣어 쓰는 소금은 정말 소량이다.

장판염을 아주 쓰지 않을 수 없으니, 그중에서도 좋은 소금을 고르는 것도 중요하다 싶어 박 대표에게 물어보았다. 눈으로 보아 깨끗하고 뽀얀 소금이 좋단다. 맑고 투명한 색보다는 하얗고 뽀얀 색이 많이 나는 소금, 만져 보아 잘 부수어지는 소금이 좋다는 것이다.

봄가을 기온이 낮을 때 생산되는 소금은 색이 맑고 단단하다. 비교적 긴 시간에 걸쳐 소금이 만들어지면서 결정체가 단단해지는 것이다. 맛은 짜고 쓴 기운이 강하다. 더운 여름에 좋은 햇볕에서 빠르게 마른 소금이 하얗고 뽀얀 색깔을 내며 파삭하게 부수어진다. 물론 간수를 잘 빼는 것은 중요하다. 그래서 박 대표는 3년 이상 묵혀 충분히 간수를 뺀 소금만 시장에 내놓는다.

중국산 소금에 대해서도 물어보았다. 그는 중국산이라고 다 질이 낮은 것이 아니라, 우리나라에 수입되는 중국산이 워낙 저가의 소금이므로 질이 낮은 것이라고 설명했다. 이런 값싸고 질 낮은 소금에 비하면 여름에 생신된 우리나라 천일염은 장판염일지라도 질이 좋은 소금이란다. 그는 우리나라의 소금 자급률이 너무 낮은 것을 우려했다. 중국 소금 값이 언제까지나 저렴하리라는 보장이 없는 것 아니냐는 것이다. 적정한 값을 매기고 저가의 수입 소금과 섞이지 않을 방도를 마련해 국산 소금의 신뢰를 유지하며, 국내 소금 생산을 늘려야 한다는 것이 그의 주장이었다.

아는 만큼 보인다더니 이제 마트나 음식점 식탁 위의 소금이 예사로 보이지 않는다.

신안머드쏠트 영농조합법인의 토판염은 전화로 구입할 수 있다. 061-247-1001

판매를 위한 인터넷 사이트는 발견되지 않으며, 웬만한 쇼핑 사이트에도 이곳의 토판염은 찾아볼 수 없다. 전화로 주문하고 배송 받는 방법밖에 없는 듯하다. 주소는 웬만한 검색으로 찾을 수 있다. **전남 신안군 신의면 상서길 468-100**

하지만 구태여 이곳의 토판염만 고집하지 않는다면 인터넷 쇼핑에서 다른 토판염을 구할 수 있다. '토판염'으로 검색어를 넣어 보면 서너 종류의 토판염을 찾을 수 있다.

쌀

정직한 쌀,
맛있는 밥

세상을 거꾸로 사는 사람들

세상을 거꾸로 사는 사람들이 있다. 남들은 다 농사에서 손 턴다는 시기에 귀농을 하고, 다들 돈 되는 특용작물을 재배할 때에 꼭 쌀농사를 고집하고, 다들 농사 규모 키워야 한다는데도 작은 규모의 소농(小農)만을 고집하는, 꽉 막힌 사람들 말이다. 이런 사람의 가족은 참으로 속깨나 썩을 것이 뻔하다. 하지만 이건 어떨까? 이 꽉 막힌 이들이 짓는 정직한 쌀을 사 먹는다면? 나는 이런 유기농 쌀을 먹는다.

사실 그동안 쌀 고르기에 꽤 고심을 했다. 대형 마트에 전시된 수십 종 브랜드 때문이 아니다. 오히려 그 반대였다. 내가 30~40대를 온전히 보낸 곳은 쌀 생산지로 으뜸인 이천이었고, 그곳 농협의 하나로마트에는 오로지 '임금님표 이천쌀'밖에 없었기 때문이다. 다른 슈퍼마켓에 가면 다른 쌀을 고를 수 있기는 하지만, '이천'이란 말을 달지 않고 나온 쌀은 거의 찾아볼 수 없다. 어디 감히 쌀의 고장 이천에 외지 쌀이 얼굴을 들이민단 말인가. 이천의 바로 옆 동네인 여주는 '대왕님표'를 내세운 쌀을 생산한다. 세종대왕의 왕릉이 있는 곳이니 말이 안 되는 건 아니지만 이천 사람들은 '임금님표'에서 영향 받은 바가 명확해 보이는 그 작명에 그저 빙글빙글 웃으며 여유를 부린다.

이천에서 하나로마트만 이용했던 것은 또 다른 이유도 있다. 일반 슈퍼마켓에서는 자칫 '가짜 이천 쌀'을 살 수도 있기 때문이다. 가짜 이천 쌀이란 타 지역에서 키워서 수확한 후 이천의 정미소에서 도정한 쌀이다. 정미소가 위치한 지역 이름을 포장지에 대문짝만 하게 써 놓으니, 뒤편의 자잘하게 쓰인 글자를 자세히 읽지 않으면 이천에서 키운 쌀로 착각하기 십상이다.

이 정도로 이천 쌀은 예로부터 이름이 높다. 이름뿐이랴. 이천 사람들이 지닌 쌀에 대한 자부심은 정말 대단하다. 보

윤기가 자르르 흐르고 적당히 찰기가 있는 쌀밥의 매력을 어찌 설명하랴.
맛있고 건강한 쌀을 찾는 노력은 지극히 당연한 일이다.

통 밥상 앞에서 반찬 맛있다는 덕담이 오가는데, 이천에서는
'밥 맛있다, 쌀 맛있다'는 말을 자주 한다. 그만큼 쌀에 대해
민감하며 자부심도 하늘을 찌른다.

맛있는 밥을 위해 무쇠 솥을

나도 이천 입성과 함께 한동안 이천 쌀을 먹었다. 확실히
맛이 있었다. 윤기가 자르르 흐르고 적당하게 찰기가 있는
쌀밥의 매력을 어찌 말로 설명할 수 있으랴. 그 맛을 제대로
살리기 위해, 결국 나는 편안한 압력솥을 포기하고 작은 무

쇠 가마솥을 사고야 말았다. 전기 압력밥솥이든 그냥 압력솥이든, 압력솥이란 솥뚜껑의 압력을 강화시켜 밥을 차지게 한다. 그러니 뚜껑 가벼운 냄비에서 지은 밥, 압력 없는 전기밥솥보다는 훨씬 맛있다. 그러나 내 입맛으로는 밥이 좀 질기다. 즉 압력이 과한 것이다. 흔히 전기 압력밥솥의 광고는, 가마솥의 둥근 밑면을 그대로 이어받아 고루 열을 퍼지게 한다는 것에 초점을 맞춘다. 그건 맞다. 하지만 그보다 더 중요한 것은 바로 적절한 압력이다.

무쇠 가마솥은 뚜껑 무게가 일반 냄비 뚜껑이나 일반 전기밥솥보다는 무겁지만 압력밥솥만큼 강한 압력을 주지는 않는다. 아주 적절한 압력이다. 단 자동 조절이 되는 것이 아니고 칙칙 거리는 소리를 내는 것도 아니어서, 자칫 밥물이 끓어 넘치는 것을 방치해 밥을 망쳐 버릴 수도 있다. 이것만 조심하면 재래의 무쇠 가마솥처럼 좋은 게 없다. 밥물 넘치지 않게 불 조절을 해 가면서 밥을 지으면, 정말 윤기와 적절한 찰기에 부드러움까지 갖춘 밥이 된다. 누룽지는 또 얼마나 환상적인가. 뜨거운 밥솥 밑바닥에서 바작바작 긁히는 누룽지는 프라이팬으로 대충 만든 누룽지와는 비교할 수가 없다.

내가 이천 쌀을 포기한 이유

그래도 계속 고민이 남았다. 왜냐하면 내가 이천에서 살던 때만 해도 이천에서는 무농약이나 유기농 등급의 쌀을 거의 생산하지 않았기 때문이다. 다른 지역은 우렁이농법, 오리농법 등을 이용하여 친환경 쌀 생산으로 방향을 선회하여 브랜드 이름을 올리는 곳이 속속 생겨나는 추세였다. 하지만 '이천 쌀'이라는 명성만으로도 충분히 경쟁력이 있던 이천은 친환경 농법에 적극적이지 않았다. (지금은 이천에서도 무농약 쌀이나 유기농 쌀이 조금씩 생산되고 있다.)

그런데 막상 시골에서 살다 보니 쌀에 농약 뿌리는 모습이 바로 눈에 들어왔다. 그건 생각보다 끔찍했다. 사실 쌀농사에서는 볍씨 소독부터 수확 직전 나방애벌레 방제에 이르기까지 십여 차례나 농약을 쓰는 것이 기본이다. 특히 여름에 비가 오고 난 직후에는 농약을 많이 뿌렸다. 비 온 후에는 병충해가 극성을 부리기 때문이다. 우리 집은 논에서 꽤 멀리 떨어진 곳이었는데, 비가 온 후에는 우리 집까지 농약 냄새가 진동을 했다. 그러니 이천 쌀로 지은 밥이 맛은 있었지만 찜찜했다.

결국 몇 년 고민 끝에 나는 그 유명하고 맛있는 이천 쌀을 포기했다. 그리고 경기도 양평군에서 생산된 쌀을 선택하기로 했다. 이천 바로 옆 동네인 양평은 북한강을 끼고 있는 곳이라 상수도 보호 구역이 많다. 상수도 보호 구역이란 늘 환경과 생업을 둘러싼 갈등이 있게 마련이다. 서울 시민의 상수도원을 보호해야 한다는 논리와, 여러 규제가 많아 정작 그곳에 사는 주민들의 생업에 지장을 준다는 논리가 갈등을 빚는다. 그런데 양평군의 선택은 탁월했다. 군 전체가 아예 농약을 하나도 쓰지 않기로 한 것이다. 농약 쓰는 농사로 익숙해진 농민들에게는 불편한 노릇이지만, 대신 이런 친환경을 장점으로 내세워 '물 맑은 양평' 같은 브랜드를 만들고 홍보하여 이름을 내기 시작했다. 실제로 동네 사람들 이야기를 들어 보면, 양평이 인접한 이천이나 여주 지역에서는 바로 경계선을 사이에 두고 농약을 쓰는 논과 그렇지 않은 논으로 분명히 나뉜다는 것이다. 주민들의 입소문이 이러하니 양평의 농약 퇴출 정책은 믿을 만한 것이라 판단되었다. 그래서 나는 한 시간쯤 차를 몰고 양평에 가서 쌀을 사다 먹었다. 그리고 이천에서 서울로 이사를 온 후에는 인터넷으로 양평 쌀을 주문하여 사먹었다.

그러다 어느 날 갑자기, 아는 후배가 문경 희양산 아래로 귀농을 하여 유기농 쌀을 생산한다는 것을 기억해 냈다. 글의 맨 앞에서 이야기한, 바로 그 꽉 막힌 인간들 중 하나이다. 그리고 그때부터 계속 그 '희양산 우렁쌀'을 사먹고 있다.

노인들의 메뚜기 장조림 솜씨도 돌아오고

추수 때 찾아가 보니 정말 그곳은 경북 오지 산골 마을이었다. 백두대간 등줄기에 솟아오른 희양산 바로 아래의 작은 다랑논(계단식 논)부터 그 골짜기를 따라 죽 내려온 논을 30여 가구가 '희양산 우렁쌀 작목반'을 결성하여 유기농 벼로 경작하고 있었다.

귀농한 후배 장기호가 검게 그을린 얼굴로 내려와 맞아 주었다. 그해는 이상 기후로 작황이 별로 안 좋다며 푸념을 늘어놓았다. "나 참. 왜 나는 노동자 탄압이 극성맞을 때에 노동운동을 하다가, 하필 이상 기후라고 날씨가 난리를 치는 때에 농사를 짓겠다고 와 있는지 몰라." 픽, 헛웃음이 나왔다. 그 친구는 1980년대 중반부터 1990년대 말까지 노동자 문화운동의 중심에 서 있었다. 그러더니 이제 도시에서 자신이 할 일이 별로 없다며 노동운동을 함께했던 아내와 아이 세 식구가 모두 문경 농촌으로 이주했다. 물론 땅 한 평도 없는 소작농이다.

내가 찾아간 때는 한창 추수를 시작했을 무렵이었다. 벼 추수는 10월 중순부터 시작하여 11월 초까지 모두 끝을 낸다. 작목반의 건조기는 요란한 소리를 내며 벼를 말리고 있었고, 조금 떨어진 논에서는 콤바인으로 부지런히 벼를 수확하고 있었다. 워낙 좁은 다랑논이라 콤바인이 움직이기도 비좁다. 논 주인인 팔순 넘은 할아버지는 콤바인이 움직일 자리를 찾아 직접 낫으로 벼를 벤다. 논의 가장자리 벼를 미리 베어 주면, 콤바인의 바퀴가 그곳을 딛고 지나가며 수월하게 작업을 할 수 있다. 팔순 고령인데도 베테랑 농사꾼의 낫질 솜씨는 날렵했다.

콤바인은 연신 누런 벼를 빨아들이고서는 볏짚을 토해 놓았다. 콤바인이 뱉어 놓은 볏짚을 들어 코에 대어 보았다. 아, 신선한 지푸라기 냄새다! 얼른 한 줌 쥐어서 가방에 넣었다. 요즘은 이렇게 농약 안 묻은 깨끗한 볏짚도 귀물 중의 귀물이다. 집에서 청국장이라도 띄우려면 이거 있어야 한다.

조금 더 위쪽으로 올라갔다. 산골짜기마다 뽕나무 천지이고 심지어 다래도 있다. 뽕나무야 어디서든 잘 자라니 그리 낯설지 않다. 이천의 우리 집에도 어디에선가 파다 심어 놓은 뽕나무가 한 해가 다르게 쑥쑥 자랐다. 하지만 다래는 웬만한 시골에서도 보기 힘든 열매이다. 본 지가 하도 오래 되어 하마터면 못 알아볼 뻔했다.

어느 논이나 메뚜기 천지이다. 벼를 건드리기가 무섭게 서너 마리씩 후닥닥 튄다. 오랫동안 자취를 감추었던 메뚜기들이 농약을 치지 않은 지 2, 3년 만에 되돌아왔단다. 그 동네에서는 메뚜기를 잡아 장조림을 해 먹는 분들이 꽤 있었는데, 농약을 쓰면서 그 반찬이 사라졌었다. 그러다 메뚜기가 돌아오면서 노인들의 메뚜기 장조림 솜씨도 돌아왔다.

49

살풋 고개 숙인 벼 나락은 수묵화의 난초처럼 우아하고, 나락의 까실까실한
질감은 댓잎처럼 짱짱하다. 메뚜기들이 농약 없는 벼에 입질을 하며 신나게
뛰어다닌다.

「그네는 아니다」까지 만드는, 외지에서 온 젊은 것들

이곳이 건강한 쌀을 생산하기 시작한 것은 2000년을 전후한 시점이다. 도시에서 귀농한 사람들이 먼저 이를 시작했고, 2005년 귀농한 다섯 가구와 동네 토박이 농가 열한 가구가 모여 '희양산 우렁쌀 작목반'을 만들어 유기농 쌀농사를 본격화했다. 문경에서는 이들이 유기농 쌀 1호 생산자가 되었다. 10년 동안 귀농자도 늘고 토박이 농가의 참여도 늘어 작목반 참여 가구가 서른 가구를 넘었다. 그동안 동네 어르신 중에는 연로하여 농사를 포기하거나 돌아가신 분들도 있었지만, 꾸준히 참여하는 사람이 늘어난 것이다.

작목반의 핵심은 50대의 젊은(?) 농군들이다. 이 젊은 귀농민들이 70~80대의 노인들을 하나둘 설득하여 유기농 대열에 합류시켰다. 외지에서 온 젊은 것들, 그것도 대학 나온 먹물들이 아무 연고도 없는 곳에서 자기 땅도 없이 소작을 부치러 왔다니, 노인들은 경계를 하지 않을 수 없었다. 게다가 농약을 쓰지 않는다니, 말이나 되는 소린가 말이다.

하지만 수십 년 동안 수지도 맞지 않는 쌀농사를 계속하던 토박이 노인들은 결국 이들에게 마음을 열었다. 말도 안 되는 짓을 한다 싶었는데, 이들은 그렇게 어리바리 생산한 쌀을 농협 수매가보다 월등하게 비싸게 파는 판로를 개척해 갔다. 쌀을 제값 받아 주겠다는데 어르신들도 마다할 이유가 없지 않은가. 눈치를 보던 노인들도 작목반에 합류하여 유기농 경작으로 돌아섰다. 젊은이들이 마을 일을 나서서 해 주니 노인들만 있던 마을에 활기가 돌았다. 이들의 영향을 받아 사과나 오미자 등을 저농약·무농약 등으로 생산하는 사람들이 생겨나기 시작했다. 이제는 쌀과 몇 가지 잡곡, 그리고 철 따라 고구마, 토마토 등 파는 종목도 많아졌다.

작목반에서는 인터넷 카페를 만들어 주문을 받고 배송을 했다. 회보를 만들고 철 따라 축제도 했다. 도시에서 '운동'을 하던 친구들이라, 농사일은 서툴러도 이런 일들은 뚝딱뚝딱 잘도 해냈다.

심지어 이들은 나중에 꽤 유명해진 뮤직 비디오를 제작하기도 했다. 바로 2016년 말 탄핵 정국 촛불 집회의 인기곡이 된 「그네는 아니다」의 뮤직 비디오이다. 민중 가요 출신 인디 뮤지션인 연영석이 유명한 캐롤 「펠리즈 나비다(Feliz Navidad)」를 개사하여 노래를 불렀다.('펠리즈 나비다'란 스페인어 가사의 '나비다'를 '아니다'로 살짝 재치 있게 비틀어 놓았다.) 이 마을 작목반원들이 얼굴에 가면을 쓰고, 자기 마을에서 하루 종일 뛰어다니며 찍었다. 노래 가사에서처럼, 당시 박근혜 대통령이 시위에서 얼굴을 가리는 것은 IS 같은 짓이라고 발언하여 이들을 '꼭지 돌게' 만들었을 것이다. 솟구치는 분노를 이런 풍자로 바꾸어 낼 생각을 했으니, 역시 예술문화운동 하던 친구들이다 싶다. 2015년 12월 크리스마스 즈음에 인터넷을 통해 띄웠는데, 꼭 1년 뒤 겨울에 전국을 뒤흔드는 인기곡이 되었다.

유기농 인증? 내 얼굴이 인증인데…

2011년 '희양산 우렁쌀'은 유기농 인증을 받았다. 역시 유기농 인증도 문경시에서 생산되는 쌀로는 최초였다. 이쯤이면 어깨에 힘도 주고 기뻐하기도 할 법한데, 이들 태도는 좀 심드렁하다. "인증만 없었지, 여태껏 유기농으로 지어 온 건데요, 뭐. 어차피 믿고 사 주는 사람들한테 파는 거고요." 이런 식이다. 그럼 구태여 왜 유기농 인증을 받았냐고 하니, 토박이 노인 분들을 설득하기 위해서였단다. 그래서 유기농 인증을 받은 것을 '승격'이라고 생각지 않는단다. 당연히 쌀값도 올리지 않았다.

"내 얼굴이 인증인데 무슨 인증이 또 필요해?" 이것이 그들의 논리였다. 아주 당당하다. 이렇게 말할 수 있는 것은 이들의 쌀이 거의 대부분 직거래로 팔리기 때문이다. 지인들과 그들이 추천한 사람들이 먹는 쌀이니 신용은 생명이다. 이들의 모토는 '누가 먹는지 알고 짓는 농사! 누가 짓는지 알고 먹는 밥상!'이다.

이들이 소농을 고집하는 것도 같은 이유이다. 이들은 '생태적 소농'이라는 표현을 쓴다. 전국의 친환경 쌀 생산자들 중에는 규모가 큰 곳이 꽤 있다. 이런 규모 큰 생산자들은 생산량이 많아 직거래만으로는 다 팔 수 없다. 어쩔 수 없이 중간상에게 내놓게 된다. 그런데 중간상을 거치는 쌀은 그만큼 농가 수매가를 낮추어 팔 수밖에 없다. 생산비는 뻔한데 어느 정도의 이윤이라도 건지려다 보면 아무래도 친환경의 질이 떨어진다. 생산자 개개인에게 유혹이 생길 수밖에 없는 것이다. 게다가 농사란 자연과 함께하는 일 아닌가. 예상치 않게 약속한 물량이 나오지 않으면, 일반 쌀이라도 섞어 판매처와 약속을 지키려 하게 된다. 이건 분명 사기이지만 '급박한 경영상의 이유'이니 쉽게 거부할 수 없다.

늘 똑같은 질의 쌀을 중간상이 요구하는 정도의 양으로 생산하는 것은 얼마나 힘든 일인가. 얼굴도 모르는 최종 소비자에게 자신들의 사정을 시시콜콜 알릴 수도 없는 노릇이다. 얼굴 없는 시장의 논리는 참으로 무섭다.

그러나 '희양산 우렁쌀'은 지역 한살림에 소량 납품하는 것을 제외하고는 모두 직거래로 판다. 어느 해에는 가을 폭우로 생산량이 줄었고, 미질(米質)도 떨어졌다. 9월에 벌써 물량이 바닥났고, 고객 모두에게 '품절'이라고 공지했다. 또 다른 해에는 생산량이 많아 회원들에게 '소비 촉진' 문자를 보냈다. 얼굴을 아는 회원 고객들은 그런 사정을 모두 이해해 준다.

품절이라면 급한 대로 다른 쌀을 사 먹다가 추수 후에 득달 같이 주문을 한다. 쌀이 남았다는 공지 문자를 받으면 다 같이 걱정을 해 주면서 이웃에 소개도 해 준다.

이런 구차한 짓을 하지 않으려면 넉넉히 생산하고 중간상을 통한 납품을 하는 등 판매처를 다각화해야 한다. 그러나 이들은 그런 선택을 하려 하지 않는다. 이런 방식의 '경영'을 하면 친환경의 질을 떨어뜨려야 한다. 중간상에게 싸게 파느니 소농으로 조금 생산해서 직거래의 신뢰를 유지하겠다는 것이다. 친환경, 직거래, 공동체적 연대와 적정 규모는 모두 피할 수 없는 한 묶음이다. 그래서 '생태적 소농'이란 표현을 쓰는 것이다. 소농을 고집하여 자본주의 시장의 논리에 휘둘리지 않음으로써 '생태주의'의 원칙을 지켜 나가겠다는 것이다.

"유의해 주세요"

희양산 우렁쌀은 일주일에 1회 도정을 한다. 추수한 쌀은 모두 벼로 보관하고 있다가, 일주일 동안 주문받은 물량만 매주 화요일에 도정하여 일제히 택배로 부친다. 유기농 쌀 치고는 값도 저렴하다. 10킬로그램에 3만 5000원이다. 택배비는 주문 개수, 무게에 상관없이 3000원이다. 이 정도의 낮은 가격을 유지할 수 있는 것은 물품의 종류를 제한하여 생산비를 낮추고 작목반에서 주문 등의 모든 업무를 담당하여 소비자와 직접 거래하기 때문이다.

그래서 소비자들은 질 좋고 싼 제품을 구입하는 대가로 약간의 불편함을 모두 이해하고 감수한다. 가끔 이런 시스템에 익숙하지 않은 소비자들이 신입 회원으로 들어와 사소한 트러블이 생기기도 한다.

그래서 어느 해인가 이들의 인터넷 카페에는 이런 글이 실리기도 했다. 좀 길지만 생산자를 이해하는 것이 필요하겠다 싶어서 중요 부분을 옮겨 본다.

「신문기사 보시고 주문하시는 분들 유의해 주세요」

2011.10.28

(…)

희양산 우렁쌀의 모토는 "누가 먹는지 알고 짓는 농사, 누가 짓는지 알고 먹는 밥상"입니다. 처음에는 정말 잘 아는 분들께만 판매를 했습니다. 그래서 인증도 필요 없었습니다. 생태적 소농을 추구하는 마음과 저희들의 유기농법에 대한 믿음이 있기에 가능했습니다. 지금은 아는 분이 소개한 아는 분의 아는 분까지……

'아무리 힘들어도 우리가 생명으로 여기고 지은 쌀을 일반 시중에 내다팔지 말자, 값으로 모양으로 비교당하지 말자.' 작목반 초창기 멤버들의 처음 약속입니다. 그래서 저희 쌀은 모양내거나, 유통을 위한 별도의 비용 요인을 갖지 않은 채 소비자들의 밥상으로 갑니다. 그런 이유로 다음과 같은 일이 있을 수 있으니 유의하시길 바랍니다.

● 현미에 청미가 섞여 있을 수 있습니다. 아주 가끔 현미에 뉘가 섞여 있을 수 있습니다. — 산골 다랑이논의 물이 차기 때문에 덜 여문 나락이 섞여 들 경우입니다.

● 찹쌀에 멥쌀이 약간 섞여 있습니다. (찹쌀로 잡수시는 데는 전혀 문제가 없습니다.) — 농약으로 소독한 보급종 찹쌀 종자(멥쌀 종자가 전혀 섞이지 않음)를 사용하지 않기 때문입니다. 콤바인이나 건조기에서 어쩔 수 없이 멥쌀이 섞입니다. 색채 선별기를 통해 정밀하게 골라 낼 수 있지만 쌀값이 높아집니다.

● 같은 이유로 멥쌀에도 찹쌀이 섞이는 경우가 있습니다.

● 현미가 한 종류밖에 없고 흰쌀과 값이 같습니다.(5분도, 7분도 등 구분을 둘 수 없습니다.) 일주일 동안 주문 받은 소량을 도정하기 때문입니다. 현미에는 지질(脂質)이 흰쌀보다 많아, 유통 기간이 길어지면 쉽게 변질되기 때문에 보관 비용, 위험 요인, 흰쌀로의 재도정료 등이 반영되어 현미 값이 흰쌀 값보다 비쌉니다.

(…)

— 인터넷카페 '희양산 우렁쌀'(http://cafe.daum.net/urungssal)에서

내용을 보아 하니, 아마 첫 주문을 하는 소비자들로부터 '왜 찹쌀 주문을 했는데, 멥쌀 알이 섞여 있느냐', '5분도 쌀은 왜 안 파느냐' 등의 항의가 있었던 모양이다. 파는 사람이 지나치게 뻣뻣하다 싶어 보일 수도 있다. 하지만 읽어 보니 충분히 이해할 만하며, 여태껏 모르고 있던 생산과 유통 과정의 미세한 사항이 이해되었다. 이전까지는 일반적으로 백미보다 현미가 비싼 이유도 쉽게 짐작되지 않았는데, 이 글로 납득이 되었다. 나만 그런 것이 아니었던 모양이다. 한 회원은 '기분 좋은 주의점입니다.'라고 댓글을 달았다.

집에 돌아와 보니 쌀이 도착해 있었다. 햅쌀이다. 며칠 전에 주문을 했었다.

쌀을 씻고는 쌀뜨물을 버리지 않고 모았다. 햅쌀은 쌀뜨물 맛부터 다르다. 된장국 끓이기에 딱 좋은 뜨물이다. 뽀얀 쌀뜨물을 찜찜한 마음 하나 없이 된장국에 부을 수 있다니, 얼마나 고마운 일인가. 햅쌀 향기 풍기며 밥이 익어 간다.

희양산 우렁쌀은 인터넷과 전화로 주문할 수 있다. 판매 사이트는 '희양산 마을'이라는 곳이다.(http://heeyangsan.godo.co.kr) 쌀과 잡곡, 식초 등의 주문이 가능하다. 하지만 판매 사이트로서는 다소 한가롭다는 느낌이 있다. 워낙 오랫동안 전화와 인터넷 카페가 주 통로가 되었기 때문일 것이다. 판매 사이트의 한가로움이 다소 불안하면, 직접 전화를 걸거나 문자로 주문을 하는 것이 가장 확실하다. 심지어 주말에도 문자를 보내면 몇 시간 안에 답신이 온다.

깔끔한 판매 사이트보다 더 활성화되어 있는 것은 생산자와 소비자가 함께 이용하는 인터넷 카페(cafe.daum.net/urungssal)이다. 생산자들이 동네 소식을 공유하기 위해 만든 카페인데, 일반 소비자들도 들락거리면서 물품을 주문해 왔다. 마을 소식지도 성실하게 만들어 카페에 올려놓고, 소비자에게 발송해 준다.

장

'울 엄마 표' 장은
전국 방방곡곡에 있다

도대체 어딜 취재해야 할까

장(醬)을 취재하려고 마음먹은 후에 참 고민이 많았다. 간장, 된장, 고추장은 기본적인 식재료는 맞지만 쌀과 소금과는 성격이 다르다. 쌀과 소금은 자연이 주신 것 그대로의 것이다. 인간의 지혜와 힘으로 얻은 것이기는 하지만 바닷물 말린 것 그대로, 식물의 열매 그대로의 상태이다.

그런데 장은 다르다. 자연이 주신 콩과 소금 등을 재료로하여 일차 '조리'를 한 결과물이다. 인류학자 레비스트로스가 가장 상위의 조리 방법으로 꼽는 '발효'라는 조리를 거친 것이다. 그러니 장을 취재하려면 그 발효 과정의 노하우를 지닌 장인을 찾아야 하는 것이다.

그런데 도대체 그게 누구일까? 어디에서 무슨 기준으로 찾지? 이게 문제였다.

집집마다 만들던 조선간장

나는 《중앙일보》에서 음식 이야기를 추가로 연재해 달라고 청탁받았을 때부터 이 시리즈를 '명인열전' 방식이 아닌 다른 틀로 가야 한다고 생각했다. '전국 최고', '세상에 잘 알려지지 않은 명인', 이런 콘셉트로 된 음식 이야기는 이미 나 말고 다른 사람들이 다 해 놓지 않았던가. 초베스트셀러가 된 허영만의 만화 『식객』도 전국의 식재료 생산 혹은 요리의 명인들을 찾아다니며, 주인공 '성찬'이 최고의 명인으로 요리 대결을 벌이는 내용이다. 만화로까지 나온 이런 이야기를 구태여 내가 반복할 이유는 없다.

방향을 다르게 잡았다. 여태까지 사람들이 잘 하지 않던 이야기, 장인이 만드는 음식이 아니라 음식의 기초 중의 기초인 식재료 이야기에 국한하기로 했고, 당연히 '위대한 식재료'는 건강하고 윤리적으로 올바른 식재료, 그래서 위대하다고 말할 수 있는 식재료에 대한 글이라고 성격을 정했다.

장을 취재하면서 대기업 식품 공장의 장을 다룰 생각은 애초에 없었다. 나에게 중요한 '우리나라 사람들의 장'은 대기업 브랜드의 간장이 아니었다. 우리나라 음식의 기본은 집에서 메주로 담근 간장과 된장, 고추장이다. 일제 강점기에 들어온 새로운 간장을 '왜간장'이라 부른 대신, 집에서 예전부터 만들어 온 간장을 '조선간장'이라 불렀다.(앞으로 이를 '일본식 간장', '조선간장'이라 부르겠다.) 이 두 가지 장은 맛이 완전히 다르다. 된장도 대기업의 공장제 제품은 재래식 된장에 비해 일본 된장인 미소에 근접해 있다. 간장도 된장도 이 두 계열은 아예 다른 종류의 것이라 말하는 게 나을 지경이다.

그러니 이 조선간장을 갖추어 놓지 않으면 제대로 된 한국 음식을 만들 수 없다. 국과 나물 무침, 된장찌개, 매운탕에 이르기까지 마트에서 흔히 구할 수 있는 대기업의 장으로는 제맛을 내지 못한다. 들척지근한 맛에 특유의 일반식 간장의 향이 한국의 국과 찌개에는 어울리지 않는다. 된장찌개도 마찬가지다. 대기업 생산 된장이 아닌 집 된장으로 끓인 깊은 된장 향의 찌개를 파는 음식점 앞에는 늘 '한 입맛' 하는 사람들이 줄을 서지 않는가.

게다가 일본식 간장은 대개 수입 콩에서 콩기름을 짜고 난 탈지대두를 쓰고, 인위적으로 배양된 종균을 이용하여 빠르게 발효시킨 것이다. 그 수입 콩에는 GMO(유전자 조작 식품)

이 포함되어 있을 가능성이 매우 높다. 일부 장에는 화학적 처리의 산물인 산 분해 간장을 섞기도 한다. '양조간장'이 아니라 '진간장'이라는 이름으로 나온 간장은 모두 양조간장과 산 분해 간장을 섞은 것이다. '자급자족 유기농 라이프'를 내건 「삼시세끼」 같은 TV 프로그램에서 아무 생각 없이 빨간 상표에 '진간장'이라 쓰인 간장을 떡하니 가져다 놓고 쓰는 것을 보면 좀 답답하다.

조선간장은 일본식 간장과는 아예 다른 종류의 것이며 한국인들이 오랫동안 만들어 온 조리 방식의 소산이다. 생각이 여기에 미치자 '그럼 또 명인의 손맛을 찾아야 하나' 하는 생각이 잠시 스쳐 지나갔다.

그런데 문제는 재래식으로 장을 만들어 파는 자잘한 업체가 어마어마하게 많다는 점이다. 일찌감치 매스컴을 통해 유명해진 '첼로 된장'이니 특정 지역 전체가 장에 목숨을 걸다시피 하는 순창 고추장 등을 쉽게 떠올리지만, 그것만 있는 게 아니었다.

게다가 이들 장은 집집마다 조금씩 맛이 다르다. 그런데 그중 꼭 어느 것이 옳고 어느 것이 틀렸다고 할 수도 없다. '그냥 우리 집에서는 이렇게 담가 먹는다.'고 하면 그만이다. 좋은 장맛? 사실 그것도 어느 정도는 취향 문제 아니겠는가.

'울 엄마 표'끼리 싸울 일이 아니다

결국 재래식으로 된장을 담가 파는 업체들은 모두 집집마다 다른 자기네 집 손맛으로 담가 팔고, 소비자도 자기 입맛에 맞는 것을 골라 사 먹는 셈이다. 원래 음식 맛이란 것이 그런 법이다. 지역마다 집집마다 다르고, 심지어 같은 장도 일년 더 묵히면 맛이 또 달라진다. 그게 긴 호흡으로 발효를 시키는 장의 특성이다.

그러니 어떤 맛이 가장 탁월한가를 가르기도 쉽지 않다. 입맛은 십인십색이다. 요즘 젊은이들 말로 '개취'(개인의 취향) 갖고 논쟁할 일이 아니다. 오죽하면 가장 맛있는 것이 '울 엄마 표'라고 하겠는가.

그러나 '울 엄마 표' 장은 이미 20세기와 함께 거의 사라졌다. 80대 할머니들은 평생 집에서 장을 담가 먹었던 세대이지만 이제 늙고 기운 빠져서 그 노동을 감당할 수 없다. 그 자녀인 지금의 60대부터는 전업주부라 할지라도 장을 담글 줄 모르는 사람이 수두룩하다. 50대 후반의 나이인 나도 '울 엄마 표' 장을 얻어먹을 수 없는 날이 곧 닥쳐 올 것임을 생각해서 30대 중반부터 혼자 장을 담그기 시작했다. 그때 60대의 엄마는 '내가 해 줄 텐데 괜한 짓을 한다.'며 말렸고, 나는 고집을 피우고 메주 딱 한 덩이를 얻어다가 소금물에 담갔다. 서른다섯 살, 그게 시작이었다. 하지만 이런 경우는 매우 드물

전년도에 담근 된장. 표면에 하얗게 핀 메주 곰팡이를 걷어 내면 노랗게 잘 익은 된장이 나온다. 더 묵히면 색은 검어지지만 맛과 향취는 점점 깊어진다.

다. 60대인 우리 언니도 장을 한 번도 담가 보지 않았다.

집집마다 '울 엄마 표' 장을 더 이상 얻어다 먹을 수 없으니, 재래식 장을 만들어 파는 업체가 생기는 것은 필연이다. 하지만 김치와 달리 재래식 장은 전국 방방곡곡에서 십인십색의 장을 생산하는 양상이 훨씬 강하다. 일찌감치 대기업이 진출한 김치와 달리, 1년이 넘는 긴 발효 기간과 십인십색의 까다로운 입맛을 만족시켜야 하기 때문이리라. 그래서 결국 재래식 된장과 간장은 시골 곳곳에 항아리들을 늘어놓고 장을 담가 파는 소기업체들의 몫으로 남았다.

그 업체들은 대개 할머니 한 분의 손맛에 의존해서 가족들이 운영한다. '울 엄마 표'에 길든 각기 다른 소비자들이 자기 입맛 따라 새로운 '울 할머니 표'를 사 먹는 것으로 양상이 바뀌었다.

그래서 나는 이 취재를 그냥 내가 사 먹은 한 업체를 찾아가는 방식으로 하기로 마음먹었다. 이 업체의 장이 가장 맛있다거나 가장 올바른 방식이라고 주장하는 것이 아니다. 전국의 수없이 많은 '울 할머니 표' 중의 하나일 뿐이고, 내 입맛에서 그리 나쁘지 않은 깔끔한 장이었기 때문이다.

남들 하는 거 맹키로 담그는 거지예

대중가요 가사처럼, 만남은 늘 우연이다. 합천우리식품은 집에서 띄운 맛의 청국장을 찾아 인터넷 사이트를 뒤지다가 만난 업체였다. 청국장 맛이 만족스러웠는데, 게다가 덤으로 조금씩 따라온 된장도 깔끔하고 정직한 맛이었다. 경남 합천군 어전리의 합천우리식품으로 가자고 마음먹었다.

이 업체도 1912년생 노할머니가 살아계셨던 1995년부터 장을 만들어 팔기 시작했단다. 이제 그 며느리인 이윤점 씨가 60대 젊은 할머니가 되어 맛을 총 지휘하며 40대 아들인 박종옥 대표가 경영을 맡아 운영하는 가족 기업이었다. 손맛 좋고 부지런한 할머니에서 며느리와 딸로 손맛이 내려오고

전통 방식 그대로 볏짚 깔고 서너 달 동안 천천히 자연발효하는 메주. 깊은
장맛은 여기서부터 시작된다.

그 아래 세대가 경영을 맡는, 아주 전형적인 양상이다.

박 대표에게 이 집 장의 특별한 점을 물었더니, "머 머……벨루 없습니다. 남들 하는 거 맹키로 담그는 거지예."라고 대답한다. 종가의 손맛과 법도, 혹은 지역의 명성을 내세우지 않아 오히려 좋았다. 이런 게 '울 할머니 표'의 특성 아니겠는가. 아주 소박한 기업이다. 그러면서 덧붙이는 말이 "우리 집 장이 아주 맛있십니더."이다. '이거면 되지 않았느냐' 하는 자신감이 미소에 묻어났다.

공장 옥상과 뒤뜰에는 쌀 한 가마는 족히 들어갈 법한 큰 독들이 빼곡히 놓여 있었다. 1년에 쓰는 콩 20톤이 한두 해라는 긴 시간 동안 꼬박 이 독들에 들어가 있어야 한다. 지금 쓰는 수백 개의 독은 옛날 유약을 발라 제대로 구운 최소한 70년 이상 된 것이다. 노인들만 사는 시골집을 돌아다니며 하나둘 모아 온 것이다.

달이지 않는 생 간장

내가 찾아갔을 때는 봄이 막 시작되었을 때였다. 어머니 이윤점 씨는 며칠째 간장 담그는 일을 하고 있었다. 메주 건질 때를 생각해서 얇은 망에 메주를 넣고 소금물에 담가 놓는다. 소금물에 담겨져 퉁퉁 분 메주는 건질 때에 쉽게 부스러져 일하는 사람의 진땀을 뺀다. 얇은 망에 메주를 넣는 것은 일을 쉽게 하기 위한 아이디어였다. 단 그 얇은 망이 양배추나 양파 포장 때 쓰는 색깔 있는 망이어서 다소 꺼림칙하기는 했지만 말이다.

염도가 22도이니 간은 다소 강하게 하는 편이다. 음력 3월 초에 느지막하게 장을 담그니 간이 싱거우면 상해 버린다. 사실 취재 날짜를 잡으면서 다소 의외란 생각이 들었다. 장 담그기에는 좀 늦지 않았나 싶은 생각에서였다. 나도 늘 음력 정월 말에 장을 담갔다. 이런 장을 '정월 장'이라고 한다. 그런데 이 집은 '이월 장'도 아니고 심지어 '삼월 장'을 담그는 것이다. 뭐, 안 되는 것은 아니나 일반적인 방식은 아니다. 왜냐하면 날이 따뜻해질수록 상할 우려가 높기 때문이다. 그래서 이 집은 소금 간을 강하게 하는 방식으로 이 문제를 해결하는 것이다.

"이기 맛있다 아이가. 어차피 추울 때는 장이 빨리 안 우러나. 날이 따뜻해져야 우러나기 시작하지." "꼭 그래 해야 한다는 기 아이라, 걍 우리 집 방식이다."

'우리 집 방식', 이게 참 무서운 말이다. 늘 그렇게 해 왔고, 앞으로도 별로 고칠 생각도 없다는 뜻이다.

이 집의 방식이 또 있었다. 간장을 달이지 않는 것이다. 간장은 4~8주 후에 메주를 건진 후 달여 놓아야 더운 여름에도 상하지 않는다. 그런데 이 집은 생 간장 상태로 보관하고 소비자에게도 그대로 판다. "생 장이 훨씬 맛있는데 머 하러 달이노." 맞는 말이다. 생 간장은 달인 장에서는 맛볼 수 없는 향취가 있다. 결국 이 집은 장을 짜게 담가 달이지 않고 보관하고, 대신 생 간장 향취 그대로 맛을 즐기는 방식을 취하는 것이다.

그래서 이 집의 간장은 팔 때마다 색이 다르다. 원래 간장은 묵을수록 색이 짙어지고 향도 깊어진다. 달인 장도 그러한데 생 간장은 더 변화가 심하다. 그런데 소비자가 왜 다르냐고 항의하면 일일이 설명해 줄 수가 없어 난감하다고 젊은 며느리가 하소연을 한다. 원래 발효 식품이란 그런 것이다. 그런데 도시의 소비자는 표준화된 것을 요구하니 난감할 수밖에 없다.

메주는 공장제 종균 없이 자연 발효로

간장을 조금 떠서 먹어 보았다. 짜긴 짜다. 그런데 뒷맛이 달착지근하고 향취가 살아 있는 것이 아주 잘된 간장이다.

장맛이 좋으려면 메주가 좋아야 한다. 메주는 동네 사람들이 조금씩 농사 지은 콩을 사다 쓴다. 무농약이나 유기농 재배는 아니고, 그냥 관행농법으로 지은 콩이다. 메주 띄우기는 자연 발효 방식을 고집한다. 메주를 만들 때에 종균을 섞으면 메주에 푸른곰팡이가 생기지 않고 빠르게 발효된다는 것을 모르는 바 아니다. 하지만 그렇게 하면 종균에 의해 발

독에 메주와 소금물을 넣고 숯과 고추를 띄우면 간장 담그기는 끝난다.

효된 개량 메주의 획일적인 맛이 난다. 그래서 이 쉬운 방식을 포기하고 자연 발효 방식을 택하는 것이다.

통기가 잘 되는 곳에다 볏짚 깔아 놓고 메주를 서너 달 동안 충분히 말리면서 천천히 발효시킨다. 통기를 위해 자주 메주를 뒤집어 주고 가끔 선풍기도 틀어 주는데, 절대로 온풍기를 사용하지는 않는다. 온풍기를 써서 말리면 된장에 찰기가 떨어진다고 어머니가 질색을 하신단다.

이렇게 자연 발효된 메주를 쓰니 옛날 장맛이 고스란히 살아 있게 된다. 단 약간의 '잔머리'식의 노하우가 있다. 요즘 사람들의 입맛이 감칠맛이 강한 쪽으로 발달되어 있어서 이것을 고려하지 않을 수 없다. 그래서 간장 담글 때 종균으로 띄운 개량 메주를 조금 섞어 메주와 함께 소금물에 담그는 것이다. 사실 이 비율이 노하우란다. 개량 메주만 쓰면 맛이 얄팍해지고, 자연 발효 메주만 쓰면 감칠맛이 줄어들며 장이 완성되는 시간도 길어진다. 그래서 할머니와 어머니가 터득한 '황금 비율'을 고집한다.

앗, 곰팡이를 그냥 둔다고?

된장 발효도 이 집만의 노하우가 있다. 간장 담근 지 8주가 되면 메주를 건져 된장독으로 옮겨 담는데, 항아리 뚜껑을 열어 놓고 햇볕과 바람을 쐬지 않는다. 햇볕과 바람을 쐴 때 벌레가 들어갈 우려가 있고 장의 색깔이 검어지는 것을 막기 위해서란다. 따뜻한 낮에는 발효가 왕성해져서 표면의 수위가 높아지고 밤에는 가라앉기를 반복하는데, 그 과정에서 메주의 불순물들이 된장 표면으로 올라와 메주 균과 어우러져 하얀 골마지 같은 막이 생기고 흰곰팡이도 핀다.

사실 이 대목에 대해서는 논쟁의 여지가 있다. 이렇게 곰팡이가 피어서는 안 된다고 보는 분들이 많기 때문이다. 장을 연구하는 전문가 한 분도 고개를 절레절레 흔드셨다. 나도 곰팡이가 피면 된장이 자칫 시어질 우려가 있어서, 이런 게 생기면 깜짝 놀라 바로 그것을 걷어내고 표면에 소금을 뿌리고 햇볕을 쐬어 말리는 방식을 취했다. 그런데 이 집에서는 이것을 자연스러운 발효의 과정으로 보는 것이다.

"이래야 된장이 되는 기다. 보래이." 작년에 담가 한 해 겨울을 난 큰 된장독을 연 이윤점 씨는 확신 있는 어투로 말했다. 그러면서 숟가락으로 하얀 곰팡이 피막을 슥 긁어냈다. 먹음직스러운 노란 된장이 제 모습을 드러낸다.

된장을 떠서 맛을 보여 준다. 감칠맛과 깊은 맛이 잘 어우러진 좋은 된장 맛이다. 결코 상한 장맛이 아니다. 장맛이 이렇게 좋은데, 이 방식이 틀렸다고 감히 말하기는 쉽지 않다. 게다가 이 집에는 수십 년 묵은 된장까지 있었다. 하얀 곰팡이 꽃을 피우는 방식으로 이렇게 오랫동안 보존된다면 이것도 또 하나의 '울 엄마 표' 방식인 것이다. 결국 이 업체는 소금 간을 강하게 하여 변질을 막으면서 왕성한 발효를 시키는 방식의 노하우를 갖고 있는 셈이다.

이 집에서는 다른 종류의 장도 만들었다. 고추장, 쌈장, 그리고 다른 곳에서는 찾아보기 힘든 보리지장이다. 모두 맛을 보았다.

'내 입맛'을 기준으로 보면 쌈장과 고추장은 조청을 많이 넣어 다소 단맛이 강했고, 보리등겨를 띄워 만든 보리지장 역시 너무 단 게 흠이다. 조청을 좀 적게 쓰고 구수한 맛을 더 살렸으면 싶지만, 이것도 이 집 취향이니 어쩌겠는가.

이윤점 씨가 간장 독에 넣을 메주를 망에 넣고 있다. 옛날 유약을 발라 제대로
구운 70년 이상 되는 수백 개의 독이 빼곡하다.

십인십색 '울 엄마 표'

집에 돌아와 얻어 온 생 간장과 일본식 간장을 조금씩 섞고 깨소금과 고춧가루를 넣어 달래간장을 만들었다. 생 간장의 향취에 말끔한 감칠맛의 일본식 간장, 여기에 봄 달래의 알싸한 향이 어우러져 씹힌다. 따끈한 밥에 얹어 먹으니 맛이 환상이다.

하지만 이것만으로 만족할 수 없었다. 호기심이 발동하여 베란다 항아리에서 말라 가는 묵은 된장을 퍼내고 햇콩 삶아 으깨고 메줏가루를 섞어 새로 된장을 버무렸다. 묵은 된장을 재생시키는 방식이다. 한 집안의 된장 맛을 그대로 유지하기 위해 묵은 된장을 '씨된장'으로 삼고 거기에 새로운 메주를 섞는 일은 널리 알려진 방식이다.

이번에는 내가 평소에 하던 것에 비해 훨씬 짜게 버무렸다. 너무 짜지면 다른 장과 섞어 먹으면 된다. 이번에는 하얀 메주 곰팡이가 피어올라도 그냥 두어 보겠다 마음먹었다. 햇볕과 공기에 그리 영향 받지 않으면서도 발효가 제대로 된다면, 그건 아파트 베란다에서 가장 적합한 발효 방식이 아니겠는가. 결과는 다음 해에야 알 수 있다. 망치면 메줏가루와 콩한 봉지 버린 것이고, 성공하면 내 손 맛, 또 하나의 '울 엄마 표'가 진화하는 것이다.

다음 해에 이 된장을 꺼내 보았다. 합천우리식품처럼 그렇게 하얀 곰팡이가 피지는 않았다. 맛은 괜찮지만 그 업체의 맛은 아니다. 그냥 내가 담근 된장의 맛이었다. 그 씨가 어디로 가겠는가.

한식 산업화를 하려면 식품 표준화는 필요하다. 하지만 표준화와 대기업화 바람에 기죽지 않고 십인십색 '울 엄마 표'의 손맛을 유지하는 수많은 소규모 업체들이 짱짱하게 버텨 주고, 그 맛을 즐기며 찾아 주는 깐깐한 입맛의 소비자들이 살아 있어야 우리 음식은 계속 발전할 수 있다. 실력 있는 언더그라운드들이 전체 업계 발전의 토대가 되는 것은 단지 대중음악에서만은 아닌 것이다.

재래식 장을 구입하는 것은 이제 그리 어려운 일이 아니다. '간장', '재래 간장' 등의 검색어만 넣으면 정말 많은 판매 사이트와 상품이 검색되기 때문이다. 그리고 대개 이런 업체들은 고추장, 간장, 된장을 모두 취급하므로 고추장 잘 만든다는 곳을 찾아 들어가면 간장과 된장도 다 구할 수 있다.

특별히 3년이나 5년 묵은 간장, 혹은 쥐눈이콩(약콩)으로 담근 간장처럼 귀한 것을 구하려면 그런 검색어를 따로 넣어 찾아야 한다. 여러 해 묵은 간장은 죽염으로 유명한 '인산가'에서 만든 아주 비싼 것도 있지만, 잘 찾아보면 햇간장에 비해 약간 비싼 정도의 간장도 찾을 수 있다. '동트는농가' 같은 곳이 그런 곳인데,

약콩으로 담근 3년 묵은 간장을 판다. 묵을수록 슴슴해지는 간장의 속성상 보통의 햇간장보다 맛이 깊고 덜 짜다.

여기에서 소개한 합천우리식품은 웬만한 검색으로 쉽게 찾을 수 있는 업체이다. 장 파는 업체 중에서는 가격이 비교적 서렴한 편이다. 결국 여러 종류의 장을 사 먹어 보고 자신의 입맛과 가격을 고루 고려하여 선택하는 것이 좋다.

밭에서 나는
반찬거리

2

여러 채소

싸우면서 만들어 낸
남양주 유기농 채소

서울, 이 '웬수' 같은 이웃

참 가까웠다. 은평구에서 차를 몰아 불과 한 시간 남짓, 그것도 서울 시내에서 밀린 시간을 생각하면 정말 가까운 거리이다. 구리를 벗어나면서 시원스럽게 넓은 한강이 보였다. 그러고 나자 바로 남양주 와부읍 도곡리에 있는 유기농 시범 단지였다. 오래 된 유기농 단지라고 알고 있는데 단지 입구의 간판들은 그리 오래 되지 않은 느낌이다. 이곳 와부읍의 유기농 시범 단지는 2012년 봄에 개장식을 했다.

남양주는 수도권 중에서도 서울이 지척인 곳이다. 그러니 남양주의 농민들은 눈 높고 복잡하고 입 까다롭고 말 많은 서울이란 도시의 영향을 늘 받을 수밖에 없었다. 남양주가 우리나라 유기농 채소의 중심지가 된 것도 따지고 보면 서울이라는 '웬수' 같은 이웃 덕분일 터이다.

남양주는 서울까지를 '로컬 푸드' 영역으로 볼 수 있는 지역이다. 어차피 서울시 안에서 서울 시민이 소비할 수 있는 식재료를 모두 생산할 수 없는 노릇 아닌가. 결국 서울의 그린벨트 지역과 수도권에서 생산하는 물건이 서울의 로컬 푸드가 되는 셈이다.

로컬 푸드가 친환경이 아니라고?

로컬 푸드는 장거리 운송을 거치지 않은 자기 지역의 식재료를 의미한다. 많은 자본을 가진 농업 회사나 도매상이 대량 생산이 이루어지는 산지의 물건을 값싸게 가져다가, 자동차·비행기·배 등 화석 연료를 팍팍 써 가면서 먼 거리를 운송하고, 대도시의 거대한 도매 시장과 소매상을 거쳐야만 소비자가 물건을 만져 볼 수 있는 것, 이것이 일반적인 농산물 생산·유통 방식이다. 가격 경쟁력이라는 이름으로 소비자에게 다가가지만 그만큼 생산자인 농민들에게는 값싼 납품 가격을 요구하게 되고, 게다가 길거리에 엄청난 에너지를 쏟아부음

남양주의 깻잎 밭. 밭의 가장자리는 온통 이끼투성이다. 농약을 쓰지 않은 밭에서 앙증맞은 우산이끼와 깻잎이 함께 자라고 있다.

으로써 지구 환경을 나쁘게 만든다. 로컬 푸드 운동은 농민과 소비자의 물리적 거리를 좁힘으로써 농민과 소비자, 그리고 지구 환경에 모두 이득이 돌아가도록 하자는 취지의 운동이다.

우리나라에서는 전북 완주가 2008년에 로컬 푸드를 표방하며 '꾸러미'라는 이름의 반찬거리 직거래를 시도하여 성공함으로써 전국으로 확산되었다. 이제 '꾸러미'란 이름은 마치 보통명사처럼 널리 쓰이는 말이 되었다. 회원 가입을 하고 한 달에 일정 금액을 내면, 그 시기에 생산되는 여러 반찬거리를 한 가족이 소비할 수 있을 만큼 고루고루 챙겨서 집으로 배달해 준다. 물품은 상추, 감자, 당근, 토마토 등 야채가 중심이긴 하지만 달걀, 두부, 콩나물 등 집에서 많이 구입하는 반찬거리들을 고루 배려하는 게 보통이다. 단 보내 주는 대로 먹어야 하는 게 불편하다면 불편한 점이다. 하지만 장을 보러 다닐 시간이 없거나 '오늘은 또 뭘 사야 하나?' 중얼거리면서 마트나 시장을 배회하는 것이 싫은 사람들에게는 아주 편리한 서비스이다. 가까운 곳에서 직거래하니 물건이 싱싱하고 누가 생산했는지 알고 소비하니 적잖이 심리적 안정감을 준다. 게다가 환경에도 좋은 일이니 일석삼조다.

이렇게 로컬 푸드 운동은 소비자운동인 동시에 환경운동이기도 하다. 그러나 완주의 로컬 푸드는 아직 무농약 재배나 유기농 재배를 고집하지는 않고 있다. 여전히 많은 물건이 '관행농'으로 생산된다. 물론 전국의 모든 꾸러미 사업이 다 관행농이라는 말은 아니다. 무농약이나 유기농 산물로 꾸러미를 구성하는 곳도 많다. 단 로컬 푸드와 꾸러미 물건이라 해서 모두 무농약·유기농 재배라고 속단하면 안 된다는 말이다.

친환경 농산물 등급 공부하기

'관행농'이란 친환경 농업이 아닌, 여태껏 해 왔던 방식으로 화학 비료와 농약을 사용하는 농업을 의미한다. 앞으로 이 책에서 이 말은 아주 자주 등장할 것이니, 이번 기회에 한 번 짚고 넘어갈 필요가 있다.

친환경 농산물은 까다로운 인증 절차를 걸쳐 농산물 품질 관리원이 선정하고 관리하는데 현재는 '무농약'과 '유기농' 두 등급밖에 없다.(이 두 등급은 식물을 재배해 수확한 농산물에 해당하는 것이며, 가공식품에는 '유기 가공식품', 축산물에는 '유기 축산물'이라는 다른 방식의 인증이 이루어진다.) 예전에는 '저농약' 등급이 하나 더 있었는데 2016년에 폐지되었다. 대신 정부가 인정하는 'GAP' 표시가 생겨났다. 'Good Agricultural Practice'의 준말인데 이 말 속의 'good'이 무농약이나 유기농을 의미하는 것은 아니다. 말하자면 화학 비료, 농약을 다 쓴 것도 'GAP' 표시를 달고 나온다는 뜻이다.

'무농약' 등급은 말 그대로 일체의 화학적 농약(공식적으로는 '유기 합성 농약'이라 한다)을 쓰지 않을 뿐 아니라 화학 비료를 권장량의 1/3만 쓰는 경우에 부여된다. '유기농'은 유기 합성 농약은 물론 화학 비료도 전혀 쓰지 않고 생산한 농산물에 부여되는 인증이다.

그런데 농약이나 화학 비료를 오늘부터 쓰지 않는다고 해서 오늘 당장 유기농으로 인정받을 수 있을까? 당연히 아니다. 땅과 식물이 머금고 있던 농약 기운까지 다 뺄어 낼 정화 기간이 필요하다. 1년생 식물은 유기농 재배를 한 지 2년, 다

년생 식물은 3년이 지나야 겨우 유기농 등급을 받을 수 있다. 그 이전까지는 그냥 '무농약' 등급으로 만족해야 한다. 그래서 농가에서는 이 중간 시기의 농산물을 '유기 전환 몇 년 차'라고 소비자에게 알려 주기도 한다. 그냥 '무농약'과는 다르다는 뜻이다. 예전에는 이런 농산물을 '전환기 유기 농산물'이라는 별도의 등급을 마련하여 표시하도록 했는데 지금은 이 등급도 폐지되어 사라졌다. 즉 2016년 이전에는 '유기 농산물, 전환기 유기 농산물, 무농약 농산물, 저농약 농산물'의 네 등급이었는데 지금은 '유기농, 무농약'의 두 등급으로 간략하게 정리된 상태이다.

이야기가 길어졌다. 시스템을 설명하려면 늘 이렇게 말이 많아지는데, 어쩔 수 없다. 다시 로컬 푸드 이야기로 돌아와 보자. 그럼 완주의 로컬 푸드는 농약이나 화학 비료 사용에 대해서는 아무런 규제가 없는 걸까? 약간의 규제는 있는 것으로 보인다. 대신 이 관리는 완주군 지자체에서 직접 한다. 완주의 로컬 푸드로 이름을 달고 나가려면, 그 생산 농가는 완주군이 시행하는 잔류 농업 검사, 토양 검사, 수질 검사 등을 통과해야 한다. 그런데 그 규제 기준이 어느 정도인지는 나도 잘 모른다. 다른 관행농보다 화학 비료나 농약을 펑펑 많이 쓰는 것은 자제될 수 있을지 몰라도 모든 농산물을 무농약이나 유기농으로 키우는 것이 아니라는 점은 분명하다.

(이렇게 복잡한 제한적 표현을 쓰는 것은 농약 없이도 잘 자라서 생산되는 농산물 대부분이 무농약 등급인 품목이 있기 때문이다. 즉 모두 무농약은 아니지만, 그렇다고 모든 농산물을 농약 뿌려 키운다고 볼 수도 없다는 의미이다.)

유기농 단지의 체험 행사

이제 다시 파릇파릇한 남양주의 유기농 채소 이야기로 돌아가 보자. 내가 찾아간 곳은 서울 근교 남양주 지역의 몇 개 유기농 단체 중 하나인 남양주팔당 친환경농업 영농조합이었다. 이 조합에서는 현재 꾸러미 사업을 하고 있지 않다. 그러나 남양주의 또 다른 유기농 단체들에서는 활발하게 꾸러미 사업을 펼치는 곳도 있다. 예컨대 팔당생명살림 같은 단체는 농업인 조직인 영농조합과 별도로 소비자 조직인 소비자 협동조합이 있다. 그러니 생산자와 소비자가 직접 연결되는 꾸러미 사업이 활발하게 이루어질 수 있다.

우리를 안내해 준 남양주팔당 친환경농업 영농조합의 윤한규 조합장은 그 유기농 단지가 방문객이 많은 곳이라고 소개했다. 특히 인기 있는 것은 겨울부터 봄까지 이루어지는 딸기 따기 체험 행사이다. 남양주 주민도 없지 않지만 역시 많은 참가자가 서울 시민이다.

생각만 해도 짜릿하지 않은가. 상자나 그릇에 담겨 있는 딸

유기농 딸기밭. 하얀 딸기 꽃에 나비가 날아들었다.

기도 예쁜데, 그 앙증맞은 것이 파란 이파리 사이에 살아 있는 채로 빨갛게 대롱대롱 달려 있다. 그걸 직접 손으로 따 본다니 이 얼마나 흥분되는 일인가. 게다가 이 딸기는 모두 유기농이다. 그러니 씻지 않고 그냥 먹어도 된다. 아이들은 어쩔 줄 모르고 좋아하고, 어른들 역시 입이 다물어지지 않는다. 참가비를 조금 더 내면 직접 딴 딸기로 딸기잼을 만들어 보기도 한다. 또 아파트 베란다에서 키울 수 있게 딸기 모종을 화분에 담아 가는 프로그램도 만들었다.

직접 따서 먹어 보는 행사란 참으로 매혹적이다. 딸기뿐 아니다. 다양한 쌈 채소를 수확하고 고기 구워 먹는 프로그램도 마련했는데 역시 호응이 좋았다. 휴일에 돈과 시간 모두 크게 무리하지 않고, 알찬 가족 나들이가 될 만한 프로그램이다. 모두 서울에서 가까우니 성사될 수 있는 일들이다.

그러나 서울의 이웃으로 살기가 그리 만만한 것만은 아니다. 1970년대 중반 팔당댐 때문에 수몰된 농민들이 정부가 내어 준 남양주 두물머리 부근 땅에서 농사를 짓기 시작했고, 1990년대 중반에는 서울시에서 직접 수도권 주민의 상수원 보호를 위해서 유기농을 해달라고 요청해서 유기 농업을 시작했다.

남양주 유기농 잔혹사

윤한규 조합장은 이곳에서 딸기와 깻잎 등 쌈 채소를 경작하고 있는데, 그 역시 1990년대부터 유기 농업을 시작했다고 한다. 그런데 판로가 문제였다.

"유기농으로 농사지으면 서울시에서 사 주겠다고 했거든요. 그런데 애써서 유기농으로 바꿨는데, 안 사 주더라고요. 무, 배추 들고 서울 시청 앞에서 싸우기도 했는데, 결국 안 됐어요." 대한민국 농민들은 땅 농사뿐 아니라 아스팔트 농사까지 짓느라고 곱빼기로 힘이 든다. 이들도 마찬가지였다.

그렇다고 해서 이미 상수원 보호 구역이 되어 버렸는데 농약과 화학 비료 쓰는 관행농으로 돌아올 수도 없는 노릇이었다. 다행히 그즈음부터 생협이 활성화되었다. 유기 농산물 소비가 조금씩 늘기 시작했고, 겨우 숨통이 트였다. 유기농은 부자나 환자가 먹는 독특한 식재료라는 생각에서, 시간이 지날수록 건강과 환경을 위해 기꺼이 선택하겠다는 소비자가 늘어 갔다. 그 덕에 남양주는 유기농의 중심지가 되었고, 2011년 제17차 세계 유기농 대회도 유치할 수 있었다.

그런데 그다음에는 4대강 사업이 문제였다. 정부의 하천 부지를 빌려 썼으니, 정부가 땅을 반환하라면 당연히 내놓아야 한다고 한다. 날벼락이나 다름이 없었다. 모든 농업이 다 그렇지만, 특히 유기 농업에서는 땅이 매우 중요하다. 유기 농업을 할 수 있는 땅을 만드는 데 4, 5년이 족히 걸린다. 그런데 유기농에 대한 인식도 되어 있지 않은 상태에서 '맨 땅에 헤딩'하듯 고생고생하며 십수 년 가꾸어 온 땅을 쉽게 내어놓을 수 있겠는가.

또 싸웠다. 4대강 사업이 워낙 논란이 많았던 데다가 세계 유기농 대회까지 앞둔 상태이니 여론이 집중되었다. 그러자 4대강 사업을 추진하는 측은 유기 농업이 서울 시민의 상수원을 오염시키니 철거해야 한다고 음해성 논리를 퍼뜨렸다. 언제는 서울 시민을 위해 유기농을 하라더니, 이제 와서 말을 바꾸어 서울 시민에게 불안감을 조성하며 여론몰이를 하는 거였다. 이런 여론몰이에 일부 서울 시민은 아예 관행농이든 유기농이든 그곳에서 농사를 짓지 못하게 하는 게 낫겠다는 생각들도 했을 것이다.

해를 넘기는 지루한 싸움 끝에 대체 농지로 얻어 낸 것이 바로 이곳 와부읍 도곡리 유기농 시범 단지이다. 유기 농업을 하던 숙성된 흙을 실어다가 이곳에 부었다. 그 덕분에 그해 곧바로 유기농 경작이 가능해졌고, 2012년 5월에 시범 단지의 개장식을 할 수 있었다.

그래도 섭섭한 건 어쩔 수 없다. 농사지을 시간에 허구 헌 날 싸움 하느라 진을 뺐고, 심리적인 상처도 만만치 않다. 윤한규 조합장은 "제가 경기도 최초로 유기농 포도 인증을 받았어요. 정말 힘들었어요. 그런데 그 포도밭이 다 4대강 사업 부지로 수용됐어요." 그래서 이제 포도밭이 없단다. "뭐, 섭하지만 어쩌겠어요." 말끝을 흐린다.

깨끗하고 건강한 오이 이파리

윤 조합장의 안내로 이 단지에서 시설 재배를 하는 비닐하우스 곳곳을 둘러보았다. 70대 농업인 이홍교 씨의 비닐하우스에는 오이가 한창이었다. 주인은 3월 6일에 파종하여 4월 15일에 옮겨 심고, 5월 28일부터 출하했다고, 날짜까지 또박또박 말해 주었다. 오이 하나를 뚝 잘라서 먹어 보라고 쥐어 준다. 끄트머리에는 오이꽃 마른 것이 그대로 붙어 있고, 오

초봄에 심은 비닐하우스 속 오이가 출하 시기를 맞았다. 경기도 남양주 유기농 시범단지의 조합원 이흥교 씨의 오이는 농약을 쓰지 않아 이파리까지 파랗고 싱싱하다.

톨도톨한 표면이 손바닥을 콕콕 찌를 정도로 싱싱하다. 아작 깨무니 싱싱한 오이 향이 그대로 입에 스민다.

오이 향의 싱싱함마큼이나 오이 이파리가 참 싱싱하고 깨끗했다. 대개 관행농으로 오이를 키우면 농약 뿌린 것이 내려앉아 이파리가 허옇게 되어 있기 십상이다. 나도 이천 시골 마을에 살면서 이 정도는 터득했다. 농약을 뿌린 프로 농사꾼 밭의 오이 이파리는 허연 농약 흔적 투성이고, 우리처럼 아무것도 모르고 농약 안 치겠다고 하며 텃밭에 오이 몇 포기 심어 놓은 경우는 십중팔구 포기 아래쪽 이파리가 누렇게 병들어 있다. 농약도 안 썼는데 이렇게 이파리가 깨끗한 건, 우리 같은 얼치기들은 흉내조차 내 볼 수 없는 달인의 솜씨인 것이다. 내가 아는 체하며 이파리 칭찬을 하니 시큰둥한 표정을 짓고 있던 이흥교 씨의 입이 옆으로 벌어졌다. "오이는 병충해가 심한 작물이라 농약을 많이 해야 해요. 아마 전국 어디 가서도 우리 것보다 깨끗하고 건강한 이파리 볼 수 없을 거요." 알아주니 고맙다는 표정이다. 꼭 자식 자랑하며 흐뭇해하는 부모 같다.

윤 조합장의 비닐하우스에는 깻잎과 케일이 도열해 있었다. 이 역시 척 봐도 프로의 솜씨인 줄 알겠다. 밑에서부터 깨끗하게 이파리를 따 내어 삐죽한 줄기 위에서 새 이파리가 자라고 있다. 윤 조합장은 빠르고 능숙한 손놀림으로 깻잎을 한 장 한 장 땄다. 그러고 보니 그의 오른손 엄지와 검지 끝이 검고 뭉툭하다. 농사 전문가의 손이다. '한 땀 한 땀 장인의 손놀림으로'란 말은 패션에만 쓰는 말이 아니다 싶었다.

유기농 깻잎의 강한 맛

깻잎 비닐하우스 자락에는 파란 이끼가 자라고 있었다. 깨끗한 환경에서만 자라는 이끼이다. 농약을 뿌리는 관행농 비닐하우스에서는 찾아볼 수 없는 모습이다.

연해 보이는 새순을 따서 입에 넣어 보았다. 와, 입 전체에 퍼지는 강한 향과 쌉쌀한 맛, 역시 유기농 깻잎이다. 관행농으로 키운 것은 크기와 색깔은 별로 다르지 않은데 맛과 질감이 훨씬 연하고 싱겁다. 그런데 유기농 깻잎은 마치 텃밭에서 키운 것처럼 강한 향과 맛이 난다. 진짜 깻잎 맛인 것이다. 관행농으로 키운 깻잎은 그럭저럭 생이파리 쌈으로는 먹을 만하다. 그러나 볶음이나 깻잎 찜을 하려면 역시 이 정도 향은 지녀야 한다. 가열해도 향긋한 깻잎 향이 사라지지 않고 제맛이 난다.

"제일 무서운 게 유기 농산물 계속 드시는 소비자예요. 관행농으로 키운 일반 채소와 유기농 채소를 그냥 입만으로도 귀신같이 알아요." 유기농 발전에서 가장 중요한 것이 생산자, 유통 체계, 소비자 중 무엇인가를 물어보았더니, 1초도 망설이지 않고 '소비자'라고 답하면서 덧붙인 말이다. "소비자가 버텨 주면 어쨌든 유기농 생산자는 늘어나게 돼 있어요." 그래서 품이 많이 드는 일이어도 체험과 견학 프로그램을 만들어 운영하고 남양주 시민단체 회원들에게 텃밭 가꾸기 지도도 하는 것이다.

집에 와서 유기농 쌈 채소들로 저녁 밥상을 차렸다. 고기 생각이 조금 났지만 꾹 참았다. 그래, 오늘은 다양한 쌈 채소가 있는데, 뭐 고기 따위야! 적겨자 잎과 적근대, 연한 신선초 잎까지 고루 갖추고 쌈을 먹어 보기도 참 오랜만이다. 아작 씹히면서 싱싱한 향이 입안을 가득 채운다. 배불리 먹었는데도 저녁 내내 속이 편하다. 음, 고기 안 먹길 잘했지!

유기농 야채를 구입하는 방법을 특별히 소개할 필요는 없을 듯하다. 야채는 싱싱한 것이 생명이니 가까운 생협이나 친환경 식품 전문점에서 구입하는 것이 제일 좋다. 조금 대량으로 구입할 품목은 그 품목을 전문으로 하는 곳을 검색해서 찾아가야 한다. 남양주의 유기농 야채를 정기 배송되는 꾸러미 형태로 받고 싶으면 '팔당생명살림' 사이트에서 '제철 꾸러미'를 찾아 신청하면 된다. 들에서 제철 야채가 생산되는 5월 초부터 11월 중순까지 매주 1회씩 식재료를 보내 주는데, 농가의 계획적인 생산을 위해서 1년 단위로 회원을 모집한다.

콩

이벤트가 만든 스타,
달착지근 고소한 장단 콩

아버지 고향으로 가는 길, 장단

나에게 '장단'은 각별한 기억이 있는 지명이다. 할머니가 늘 얘기했기 때문이다. "멀지도 않아. 금방이야. 서울서 기차 타고, 문산 지나면 금방 장단, 그리고 나면 바로 개성이야."

할아버지·할머니·아버지의 고향은 개성 아래쪽, 개풍군 임한면이다.(임진강과 한강이 만나는 곳이기 때문에 붙은 지명이란다.) 38선 이남인 개성이어서 6·25 이전까지는 서울에서 마음대로 드나들 수 있었던 고향이었건만, 전쟁을 겪으며 휴전선

이북의 북한 땅이 되었다. 졸지에 실향민이 된 것이다.

분단 전만 해도 장단군은 12개 면을 거느린 꽤 큰 군이었다. 하지만 전쟁으로 장단군은 반 토막이 났다. 남한 정부는 행정구역상 장단군을 없애고, 장단면을 비롯해 남아 있는 4개 면을 파주와 연천으로 배속시켰다. 장단이란 이름은 '파주군 장단면'으로 겨우 남았으나 사람이 거주하지 못하는 곳이 되어 버렸으니 대한민국 국민 머릿속에서 장단이란 지명은 가물가물 사라져 갔다.

이 지명을 되살려 놓은 것이 바로 '장단 콩'이다. 파주와 문산 지역에는 장단 콩을 내세운 두부, 비지, 콩국수, 청국장 등 콩 요리 음식점들이 성업 중이며, 매해 11월 중순에 시작하는 파주 장단 콩 축제는 20년을 넘기고 30년을 바라보는 성공적인 축제가 되었다.

우리나라 어디인들 콩 농사를 짓지 않는 지역이 있으랴. 장 담그고 콩나물 키워 먹는 콩은 쌀과 보리와 더불어 어느 농가든 키우는 기본 품목이다. 그런데 장단 콩은 왜 특별히 유명할까? 이 장단 콩 이야기를 듣기 위해서 군내면 백연리 이장이자 통일촌 콩 영농조합법인 이완배 대표를 만나기로 했다.

그의 콩밭을 찾아가는 길은 가까우면서도 먼 길이었다. 이 대표와 만나기로 한 곳은 임진각이었다. 누군가의 집과 밭을 찾아가면서 임진각 같은 장소에서 만나다니 범상치 않은 곳으로 가야 한다는 생각이 피부에 와 닿았다. 내비게이션의 친절한 안내가 일상화된 시대임에도 불구하고 우리는 그의 집을 직접 찾아갈 수 없었다. 그의 집과 밭은 민통선 안에 있기 때문이다. 임진각에서 만나 그와 동행하는 방식으로만 찾아갈 수 있는 곳이었다.

서리태가 잘 여물어야 할 텐데……

살벌한 바리케이드를 지키는 군인들의 검문을 여러 차례 받으면서 그와 동행하는 방식으로 군내면 통일촌으로 들어갔다. 사람의 왕래가 거의 없고 군인들만 조금씩 오가는 그곳, 싸늘한 가을 벌판은 유난히 고적했다. 논은 추수가 거의 끝나 가고 있었고, 콩밭은 추수가 한창이었다. 드문드문 아직도 푸른빛을 남겨 두고 있는 콩밭이 눈에 띄었다. 분명 서리태 밭이리라.

서리태는 검은 콩이면서, 검은 콩을 대표하는 흑태와는 다르다. 식재료를 제 손으로 많이 골라 보지 않은 초보들은 서리태와 흑태를 거의 구별하지 못한다. 둘 다 껍질이 까만 콩이니 말이다. 그런데 둘을 비교해 놓고 보면 확연히 다르다. 서리태는 흑태보다 크기가 확연히 크다. 그러니 사진만으로는 전혀 알 수가 없고, 흑태든 서리태든 하나만 봐서는 헷갈리기 십상이다. 가장 확실하게 바로 알 수 있는 차이점은 속살이다. 흑태는 검은 껍질 속의 속살이 노르스름한 흰 색을 띤다. 그런데 서리태는 속살이 연두색이다. 둘을 제대로 구별하고 싶으면 콩 껍질이 터진 사이로 보이는 속살 색깔을 보면 된다.

맛은 완전히 더 다르다. 서리태는 백태나 흑태에 비해 월등하게 달착지근하다. 콩 특유의 씁쓸하고 비릿한 맛도 적다. 그래서 양념을 강하게 하여 씁쓸하고 비릿한 맛을 줄일 수 있는 콩자반에는 주로 흑태를 쓰지만, 오로지 콩 자체의 순수한 맛을 즐기는 경우, 그러니까 밥에 두어 먹는 콩으로는 역시 서리태다. 콩국수도 흰콩인 백태로 하지 않고 서리태로 하면 더 달착지근하다. 값도 흑태와는 비교할 수 없이 비싸다.

그래서 장단 콩 축제는 서리태가 막 나오기 시작할 즈음에 열린다. 흰콩이 주 종목이긴 하지만, 서리태를 사러 오는 사람들이 꼭 있기 때문이다. 그런데 서리태 추수가 완료된 후에는 너무 추워서 축제를 열 수가 없다. 흰콩 추수가 완료되고 서리태 추수가 막 시작되는 때가 축제의 적기인 것이다. 그런데 그게 어디 사람 마음대로 되는 건가. 자연과 함께해야 하는 축제는 하늘이 도와줘야 한다. 전국의 꽃 축제 기간에 꽃이 일찍 피거나 늦게 피어 축제 관계자들이 애를 태우는 일은 해마다 반복되고 있지 않은가. 이 대표도 목전에 다가온

흑태는 검은 껍질 속의 속살이 노르스름한 흰색이지만 서리태는 속살이 연두색이다. 밥에 두어 먹는 콩으로는 비릿한 맛이 없고 달착지근한 서리태가 최고다.

축제 때 서리태를 추수할 수 있어야 하는데 "올해는 서리태가 늦게 여무네요."라며 걱정했다.

바리케이드를 지나 통일촌으로

통일촌이라 불리는 민통선 안의 마을에는 40여 가구가 살고 있다. 이 대표는 1974년 정부 정책으로 처음 이곳에 마을을 건립할 때부터 들어와 농사지으며 살았다. 전쟁 통에 부모가 이곳에서 쫓겨나올 때 그는 어머니 뱃속에 있었는데, 20년 만에 되돌아간 것이었다. 콩밭 가는 길에 손가락으로 먼 곳을 가리키며 말했다. "저 군부대 자리가 우리 집이었대요."

추수가 한창인 콩밭에 도달해서야 그는 장단 콩 이야기를 해 주었다. "사실 장단 콩은 1990년대에 유명해진 거예요." 즉 대대로 이 지역에서 콩 농사를 지어 온 건 아니었다는 말이다. 그는 고백하듯 털어놓았다. 1913년 우리나라 최초의 보급 콩 종자로 지정된 장단 백목이 이 지역의 콩이니, 이곳이 콩 농사를 많이 짓던 곳인 것만은 분명하다. 하지만 자신은 물론 부모도, 농사지을 때 콩이 주 생산품은 아니었다고 한다. 특히 1980년대만 해도 콩은 값이 무척 싸서 수지를 맞출 수 없었다.

그러다 1990년대부터 콩 농사를 지어 보니 기후와 토질이 콩 농사에 적합하다는 것을 알게 됐다. 콩의 질이 좋고 생산량도 흡족했다. 하지만 여전히 판로가 마땅치 않았다.

그래서 아이디어를 낸 것이 콩 축제였다. 1997년 제1회 장단 콩 축제를 열었는데 대성공이었다. 1990년대에 들어서 건강식품으로 콩이 부각되었고, 중국산 콩이 아닌 국산 콩을 믿고 사고 싶어 하는 욕구도 한껏 커졌을 때였다. 게다가 바로 이 시기가 각 지역에서 축제 붐이 일어나기 시작했을 때였다.

게다가 이곳이 어딘가. 사람의 발길이 닿지 않는 민통선 안이다. 분단으로 아련하게 잊힌 이름 '장단'을 다시 끄집어낸 것이 사람들의 시선을 끌기에 충분했다. 바야흐로 남북 관계가 달라지며 통일에 대한 열망이 꿈틀거릴 때였기 때문이다.

1990년대 초 노태우 대통령 임기 말년에 남북 합의서가 체결된 지 몇 년 후였고, 김일성 주석 사후에 남북 관계 경색에도 불구하고 민간의 남북 교류에 대한 관심이 점점 커지고 있을 때였다. 비무장지대에 대한 호기심, 오염되지 않은 청정 지역이라는 인식 등이 맞물려 사람들이 큰 관심을 보여 주었고, 첫해 콩 축제에 무려 5000명이 몰려들었다. "민통선 안의 것이라면 돌멩이를 내놔도 사 가겠다는 열기였어요."라고 이 대표는 말했다. 축제가 성공하자 콩 생산 농가가 늘었고, 이제 콩은 이 지역의 대표 농산물 중 으뜸의 자리를 차지하게 되었다.

이벤트로 만들어진 명성

이야기를 듣고 보니 좀 싱거웠다. 역사적 기록은 있으나 이미 끊어진 전통이었고, 축제를 통해서 장단 콩 브랜드 가치가 다시 만들어졌다니 말이다. 이 지역의 콩을 유명하게 만든 판매 전술로는 흥미 있는 이야기였지만, 그게 콩의 질을 설명해 줄 수 있는 것은 아니었다. 심지어 이 지역의 콩은 무농약이나 유기농 농산물도 아니었다. 물론 이 대표의 말대로 콩은 그다지 병충해가 심하지 않고 화학 비료 의존도 낮은 작물이긴 하다. 하지만 무농약이나 유기농 인증을 받은 것도 아니니, 농약과 화학 비료를 조금씩 쓰기는 하는 게 사실일 게다.

그러니 결국 장단 콩의 내실은 '맛'이어야 했다. 농민이나 지자체 입장에서는 성공한 판매 전술이 자랑스러울지 몰라도 소비자까지 그것을 기준으로 구입할 수는 없는 일 아닌가. 그래서 다시 물어봤다. 정말 이 동네 콩이 맛있는지, 정말 맛있다면 그 이유는 무엇인지 말이다.

그의 설명은 이러했다. 우선 이곳은 배수가 잘 되는 토질에 무엇보다도 여름의 일교차가 큰 기후 조건을 갖추고 있단다. 콩이 잘되기에 적합한 조건인 것이다. 그래서 콩의 육질이 단단하고 고소하고 달착지근한 맛이 강하다는 것이다. 이 대표의 설명에서 맛에서도 장단 콩이 밀리지 않는다는 자부심이 넘쳐났다.

하긴 아무리 민통선이니 전통이니 하는 것을 내세워 한두 번 축제에 성공했다고 해도, 콩이 맛이 없다면 이렇게 계속 승승장구하기는 힘들다. 특히 축제에 몰려와 콩을 사 가는 사람들은 주로 연세 지긋한 아주머니, 할머니 들이다. 평생 부엌살림에 닳고 닳은 베테랑들이다. 그런 분들이 축제 때만 되면 배낭과 운동화로 단단히 준비하고 아침 일찍 버스를 대절하여 찾아온다. 오후에 오면 자칫 콩이 다 떨어질 수도 있으니 일찍 가서 사야 한다고 생각하는 것이다. 실제로 어느 해에는 기후가 나빠 전국적으로 서리태가 유례없는 흉작이었다. 그러다 보니 아주머니들이 더 극성이었다. 하루 판매 물량으로 내놓은 서리태가 오전이면 동이 나 버렸단다. 소비자가 계속 찾도록 만드는 것은 결국 품질이다. 품질이 뒷받침되지 않으면 이벤트로 바람몰이 하는 데는 한계가 있다.

국산 콩을 고르는 엄마의 노하우

그래도 궁금증은 남았다. 일교차로만 말하면 중국 북쪽 평야에서 흔하디흔하게 나는 콩은 더 품질이 좋을 것 아니겠는가. "옳은 말이에요. 만주, 지금 연변, 길림 지역이 그런 곳이지요. 거기 가 보면 콩 농사 많이 짓고, 콩의 질도 좋아요. 하지만 국산 콩으로는 이곳이 콩 키우기에 가장 적합한 곳이에요. 남한에서는 최북단의 평야 지대잖아요."

그러고 보니 생각이 났다. 중국에서 생산되는 농산물이 모두 질이 나쁜 것은 아니란다. 우리나라에 수입되는 것이 주로 싸고 질 낮은 것들일 뿐이다. 우리나라 사람들은 같은 값이면 국산 농산물을 사고 싶어 하기 때문이다. 중국에 여행 갔던 아주머니들이 녹두나 참깨 등의 중국산 곡물을 사 가지고 오는 것도 그 때문이다. 사실 국산 녹두와 참깨는 값이 꽤 비싸다. 그리고 중국산이라고 들어오는 것은 싸지만 질이 낮다. 그런데 중국에 가 보니 아주 질 좋은 것이 한국에서보다 훨씬 싼 값에 판매되고 있는 것이다. 욕심이 나지 않을 수 없다.

손목 아프고 무릎이 시원찮아 골골거리던 아주머니들도 중국 시장에서 이런 값싸고 질 좋은 물건을 보니 그냥 지나치지 못하고 사 오는 것이다.

그런데 국내에 들어오는 중국산 콩은 그렇게 좋은 품질의 것이 못 된다. 게다가 그런 중국산 콩은 대개 묵은 콩이다. 1990년대에 중국과 교류가 늘어나 중국산 콩이 시장에 깔리기 시작하면서 베테랑 주부들은 중국산과 국산을 가려내는 것에 촉각을 곤두세울 수밖에 없었다. 요즘처럼 원산지 표시가 의무화된 것도 아니고, 표시가 되어 있다손 치더라도 그런 아주머니들은 상인들의 말을 곧이곧대로 믿지 않는다. 결국 아주머니들은 중국산과 국산 콩을 가려내는 노하우를 스스로 터득해야 했다.

우리 엄마가 딱 그랬다. 엄마는 물건을 보지도 않고 사는 인터넷 쇼핑은 믿지 못한다. "거기 써 놓은 말을 어떻게 믿어? 그렇게 써 놓고 딴 거 보내 줄 수도 있잖아." 내가 인터넷으로 생산자와 직거래를 하려고 하면 엄마는 늘 이렇게 초를 친다. 이런 우리 엄마가 국산 콩을 고르는 노하우가 있다. 해마다 1년 먹을 콩을 꼭 11월 중순에 한꺼번에 사 두는 것이다. 품목은 흰콩과 서리태이다. 밥에 두어 먹을 서리태 몇 되, 그리고 메주 쑤고 콩국수 해먹을 흰콩 두어 말은 있어야 한 해 걱정 없이 지낼 수 있었으니, 이것을 11월에 한꺼번에 사는 것이다.

중국산과 국산 콩을 구별하는 비법은 이것이다. 첫째, 반드시 11월 중순에 구입할 것, 둘째, 살 때에는 콩을 씹어 보고 고를 것, 이 두 가지다. 잘 마른 콩은 눈으로 보아서는 중국산과 국산을 거의 구별할 수 없다. 그런데 11월에는 콩 상태가 좀 다르다. 겉으로 보기에는 똑같아 보이지만, 햇콩은 덜 딱딱하다. 겉은 말랐지만 속까지 완전히 마르지 않은 상태인 것이다. 즉 콩알에 수분 함량이 높은 상태이니, 씹어 보면 속이 덜 딱딱하다는 것을 바로 알 수 있다. 중국산 콩은 당연히 묵은 콩이다. 11월에 햇콩이 들어와 팔릴 가능성은 제로이다. 그런데 11월을 넘기고 메주를 쑤어야 할 1월 중순이 되면 햇콩도 다 말라서 딱딱해진다. 묵은 콩과 햇콩을 구별하기 힘드니, 묵은 중국산 콩과 국산 햇콩도 구별할 수 없는 것이다. 그러니 반드시 콩은 11월에 1년 먹을 것을 한꺼번에 사야 한다는 게 엄마의 원칙이다.

배낭 멘 아주머니들

장단 콩 축제는 바로 이러한 1990년대 베테랑 주부들의 요구와 부합하는 것이었다. 1년 먹을 국산 햇콩을 한꺼번에 구입할 수 있는 기회, 그것도 질 좋은 맛있는 콩을 구입할 수 있는 기회인 것이다.

하지만 이 대목은 장단 콩의 전성기가 그리 길지 않았음

추수한 지 사흘 정도 되는 콩. 잘 익은 콩알이 깍지 속에서 수줍게 모습을
보여 준다.

을 알려 주는 요건이기도 하다. 이미 60대 도시 주부들은 집에서 장을 담그지 않는다. 스스로 장을 담가 먹는 경우에도 메주를 쑤고 띄우는 번거로운 일을 하는 주부는 거의 없다. 50, 60대 주부로 스스로 장을 담그겠다는 열성 주부는 '생태주의'에 눈을 뜬 사람들이 많고, 이들은 대개 생협이나 인터넷을 통해 좋은 메주를 구입한다. 그것도 힘들다 싶으면 그냥 잘 담근 장을 구입해서 먹는다. 앞서 이야기했듯이, 집에서 담근 것 못지않은 장을 파는 곳이 전국 방방곳곳에 없는 곳이 없으니 말이다. 이 인터넷 시대에 그게 뭐 어려운 일이겠는가.

콩국수용 흰콩과 밥에 두어 먹을 서리태도 마찬가지이다. 두어 식구가 먹을 몇 되의 콩, 건강한 국산 콩은 필요할 때마다 생협을 이용하면 된다. 생협을 비롯한 친환경 농산물 판매점에 대한 신뢰를 가진 세대에게는 구태여 배낭 짊어지고 11월에 콩 사러 축제에 따라다니는 일은 불필요하다.

결국 장단 콩 축제의 고객은 점점 고령화되어 70대가 중심을 이루고 있다. 메주를 꼭 자신의 손으로 쑤어야 한다고 고집하는 세대, 생협 같은 친환경 농산물 유통에 대한 의존도가 낮은 세대, 인터넷 검색을 통해 직거래를 선택할 능력이 없는 세대인 것이다. 이들 세대가 늙어서 더 이상 배낭 메고 관광버스 탈 기운이 없어질 때쯤 장단 콩 축제는 위기에 봉

착할 수 있다.

결국 그렇다면 장단 콩은 맛있는 콩 가공품으로 승부해야 하는 걸까. 청국장, 된장, 두부 같은 것 말이다. 그러나 그것도 쉬운 일은 아니다. 장과 두부 파는 곳은 전국에 널려 있다.

통일촌에도 그곳의 콩을 재료로 한 두부, 청국장, 된장 등을 만들어 파는 소규모 공장이 있다. 거기에서 만든 두부는 참 맛있다. 그런데 비단 통일촌의 것만 맛있는 것은 아니다. 파주, 문산, 일산 구시가지 부근에는 '장단 콩'을 내세운 비지와 두부, 콩국수 전문점이 많다. 서울에는 흰콩이 아니라 비싼 서리태를 썼다고 자랑하는 콩국수 집이 더러 있다. 하지만 이쪽 동네 콩국수집들은 별로 그렇지도 않다. 한데 어디를 가도 맛이 좋다. 허름한 곳이어도 서울 시내의 유명 음식점에 밀리지 않는다. 콩 질이 좋기 때문이기도 하려니와, 무엇보다도 이 동네 사람들이 콩 맛에 예민하다는 얘기다. 하지만 두부와 콩국수 먹자고 늘 파주·문산으로 향할 수는 없는 노릇이다.

싱싱한 햇콩의 맛

그날 나도 통일촌에서 갓 추수한 흰콩 한 되를 얻어 들고 집에 돌아왔다. 흰콩을 불려 믹서에 간 다음, 김치와 약간의 고기를 넣고 비지국을 끓였다. 비지는 콩물을 뺀 비지보다,

이렇게 집에서 직접 갈아 끓이는 것이 훨씬 맛있다.

섬세한 콩 맛을 보기 위해 새우젓으로 간을 하지 않고 일부러 조선간장을 넣어 깨끗하게 끓였다. 와, 이 신선한 비지 맛! 이거 얼마만인가 싶다. 콩 특유의 고소하고 달착지근한 맛이 참 좋다. 그래도 이건 워낙 신선한 햇콩이어서 그럴 수 있다고 한 번 더 의심을 해 본다. 그럼 작년 콩으로 만들었다는 두부는 어떨까. 통일촌에서 사 온 두부를 따끈하게 데워서, 양념간장과 곁들여 한 점 입에 넣었다. 대기업에서 만들어 파는 두부에 비해 질감은 덜 매끄럽다. 비지를 덜 빼고 좀 거칠게 걸렀다는 의미이다. 하지만 맛은 월등했다. 특히 두부를 만들어 놓으니 달착지근한 맛이 남다르다는 것이 한 입에 느껴진다. 이건 확실히 콩 자체의 본래 맛에서 좌우되는 것이다.

신선한 햇콩의 맛, 이건 늦가을과 초겨울에나 맛볼 수 있는 것이다. 콩이 완전히 마르기 전의 맛, 아직 생명의 향취가 다 날아가지 않은 시절의 맛이기 때문이다. 나는 이천 시골에서 살 때 텃밭에서 갓 추수한 햇콩으로 비지를 만들어 먹곤 했다. 통일촌에서 갖고 온 갓 추수한 햇콩은 바로 그 맛이었다.

그런데 이런 것은 11월에는 친환경 매장에서 만나기 힘들다. 약간 덜 마른 것은 비닐 포장을 해 놓으면 습기가 차기 쉽다. 결국 12월을 훌쩍 넘겨야 햇콩을 사 먹어 볼 수 있고, 이미 싱싱한 향취는 거의 빠져나간 후이다.

장단 콩 축제의 운명은 여기에 달려 있을 수도 있다. 싱싱한 햇콩 맛을 아는 미식가들이 많아져야 하는 것 말이다. 초겨울 추위가 으슬으슬 품으로 파고들지만 싱싱한 햇콩 비지국 맛이 입에서 뱅뱅 돌아 축제에 가 봐야겠다고 생각하는 미식가들이 모인다면, 여전히 장단 콩 축제는 승산이 있지 않을까.

장단 콩은 11월에 열리는 파주 장단 콩 축제에 직접 가서 사는 것이 제맛이지만, 1년 내내 인터넷으로도 구입할 수 있다.

'파주 장단 콩 마을'이라는 검색어로 쉽게 사이트를 찾을 수 있다. 앞서 소개한 이완배 씨가 조합장으로 있는 영농조합에서 운영한다. 콩과 간장, 된장, 청국장, 메주 등을 판매한다.

시금치

겨울을 짱짱하게 버티는 단맛,
포항초

고작 시금치라니!

엄청 추운 2월이었다. 추운 겨울에 경북 포항으로 먹거리 취재하러 떠난다고 하니 사람들은 대뜸 "과메기?" 하며 묻는다. 혹은 "과메기랑 대게를 같이 취재하려는구나." 하고 넘겨짚기도 했다. 그런데 추운 날 멀리멀리 포항까지 가서 취재하려는 것이 과메기도 대게도 아닌 시금치라고 하면 다들 피식 웃었다. "고작 시금치라니!"가 일반적 반응이었다.

하지만 누구나 '고작'이라 말할 수 있는 것이야말로 가장 기본적인 식재료이다. 과메기를 매일 먹고 살 수는 없지만 시금치야말로 계속 식탁에 오르는 기본 반찬 아니던가.

게다가 나처럼 제철 재료가 아니면 먹지 않겠노라 독한 마음을 먹은 사람이라면, 겨울의 시금치가 얼마나 귀한 채소인지 실감할 것이다. 한여름처럼 애호박, 풋고추, 오이, 상추 등이 슈퍼마켓에 진열되어 있어도 나는 못 본 체 지나간다. 모두 온실 재배를 한 것들이기 때문이다. "저건 내 신념에 맞지 않는 식재료야." 독립운동이나 하듯 비장한 각오로 꾹 참고 지나가는 것이다.

그렇지만 막상 한겨울에 먹을 신선한 야채가 그리 마땅치 않다. 결국 고르고 골라도, 겨울에 제철을 맞는 야채는 물미역이나 파래 같은 해조류와, 늦가을에 수확한 통배추와 무, 그리고는 시금치뿐이다. 그러니 나에게 겨울 시금치는 가장 귀한 겨울 야채이다.

동양종 겨울 시금치와 서양종 봄 시금치

사실 시금치는 겨울에 가장 맛있다. 여름과 달리 겨울에는 마트에서 여러 종류의 시금치를 판다. 단으로 묶어 팔고 그냥 '시금치'라고만 써 있는 것은 맛이 여름 시금치들과 크게 다르지 않다. 그런데 생긴 것은 시금치인데 '섬초', '포항초'라고 써 있는 시금치가 있다. 섬초는 단으로 묶어 팔기도 하지만 수북하게 쌓아 놓고 무게로 달아 파는 경우도 많다. 포항초는 대부분 단으로 묶어 파는데, 가끔 깔끔하게 다듬어져 플라스틱 용기에 담겨 있는 '고급진' 포장도 있다.

이들 포항초·섬초는 그냥 '시금치'에 비해 색이 진하고 다소 지저분해 보여 손을 대지 않고 지나치는 사람들이 꽤 많다. (게다가 포항초는 가격까지 비싸다.) 그런데 이런 사람은 식재료에 대한 이해가 '생 초보'라고 보아도 좋다. 그냥 시금치와 섬초·포항초는 맛의 차원이 다르기 때문이다. 아주 맛이 진하고 달착지근하다. 이런 맛있는 시금치를 먹어 볼 수 있는 계절은 오로지 겨울뿐이다.

섬초와 포항초는 뭐가 다를까. 그냥 생산지가 다를 뿐이다. 섬초는 전남 신안군 비금도에서 재배하기 시작해서 붙은 이름으로 '섬초'라는 이름을 상표등록을 했다. 그래서 비금도 이외 남해안 지방의 시금치는 '남해초'라고 부르기도 한다. 그에 비해 포항초는 포항에서 생산하는 시금치를 가리킨다. 즉 포항초, 섬초, 남해초 등은 같은 종류의 시금치이며, 생산지가 다를 뿐이다.

그럼 '그냥 시금치'와 '포항초·섬초'는 종류가 다른 것인가? 사실 나도 이 두 가지를 구별해 사 먹으면서도 꽤 오랫동안 이 사실이 궁금했다. 답은 '다르다'이다. 시금치는 크게 동양종과 서양종으로 나뉜다. 봄부터 가을까지 먹을 수 있는 '그

노지의 포항초는 기온이 영하로 뚝 떨어지면 키를 더욱 낮추고 땅에 착달라붙는다. 제초제를 쓰지 않아 자잘한 잡초들이 그대로 함께 살아가고 있다.

냥 시금치'는 서양종 시금치이다. 봄에 심어 초여름까지 키워 먹는 종류로, 보통 '봄 시금치'라 부른다. 그에 비해 섬초·포항초라 불리는 시금치는 동양종이다. 가을에 심어 겨울에 수확하므로 겨울 시금치라고 부른다. 봄 시금치는 병충해가 적고 더운 기후에 잘 크는 대신 맛이 싱겁다. 여름에 먹는 시금치들은 다 이 종류이며 겨울에도 비닐하우스에서 키워 깔끔하게 나온 것들은 다 이 종류다. 동양종인 겨울 시금치는 이파리가 두껍고 맛과 향이 진하고 달착지근한데, 맛이 좋으니 병충해도 많다. 그래서 여름에는 키우기가 힘들고 병충해가 적은 겨울에 키우기에 적합하다. 그러나 아무리 겨울 시금치라도 얼어 죽지 않고 견딜 만큼의 기후는 되어야 한다. 그래서 주로 남부 지방의 해안가에서 재배한다.

제초제와 농약 없이 시금치 키우기

포항초 중 '곡강 시금치'는 유기농 시금치로 유명하다. 포항의 대표적 친환경 생산물이 된 곡강 시금치를 만든 이등질(경북 친환경 농업인 연합회 회장) 씨를 만나 여러 궁금증들을 풀 수 있었다.

그는 경북 친환경 농업인 연합회 사무실에서 깔끔한 양복에 넥타이까지 맨 모습으로 우리를 맞았다. 얼굴은 검었지만 농사꾼 느낌이 나지 않는, 뭐랄까 꼼꼼한 퇴직 공무원 같은 분위기였다. 사람 만날 때 의상부터 몸가짐까지 허투루 보이지 않게 조심하고, 말할 때에도 문어체에서나 쓸 법한 한자어를 자주 섞어 썼다. 깊이 심는다는 말을 '심경(深耕)한다'고 말하는 식이다. 농사 용어에 익숙지 않은 사람은 알아듣기가 꽤 힘들다. 경북의 60대 후반 꼬장꼬장한 할아버지들을 떠올려 보면 딱 맞는다.

그런데 그는 대대로 농사를 지어 온 농사꾼이란다. 예전에는 '수도작'을 했단다. (수도작? 아, 手稻作, 쌀농사! 이 회장과의 대화는 이렇게 계속 머릿속 번역기를 돌려야 가능했다.) 하지만 쌀은 이윤이 박하고, 게다가 바람 많은 포항은 쌀농사 짓기에 적합한 곳이 아니라는 판단에 도달했다. 포도 농사도 지어 보았고 축산을 할까 생각도 해 보았단다. 그러다 결국 지역 특성과 맞는 것을 선택해야겠다는 생각을 하게 됐다.

그래서 시금치 농사를 시작한 것이 1989년이었다. 농사는 지역 특성과 맞아떨어지지 못하면 절대로 성공할 수 없다는 생각을 갖고 있었는데, 예전부터 유명한 포항 시금치가 가장 적합하다고 생각한 것이다. 포항에서 시금치를 재배하기 시작한 것은 일제강점기부터였다고 한다. 지금은 포항제철이 들어서 있는 백사장에 시금치 밭이 많았다는 것이다. 포항은 강수량이 매우 적은 곳이다. 특히 겨울에 눈이 거의 오지 않아 노지에서 시금치를 재배하기가 좋다. 겨울 최저 기온도 대개 영하 5도 정도에 그친다. 게다가 모래밭은 물 빠짐이 좋아 시금치 재배에 아주 적당한 토양이다.

그래서 시작한 시금치 농사였다. 몇 년 후인 1993년에 어렵사리 국립농산물품질관리원의 품질 인증을 받기에 이르렀다. 그런데 1995년부터는 무농약 재배를 해야 엽채류 상품의 품질 인증을 유지할 수 있다고 통고해 왔다. 그때까지만 해도 시금치의 무농약 재배는 생각도 하기 힘들었다. 하지만 어쩌랴, 정부의 방침이라는데. 어쩔 수 없이 품질 인증을 유지하기 위해 결국 무농약을 결심했다. 힘들지만 올바른 길의 결정이 이렇게 시작되었다.

3년 동안은 농사를 완전히 망쳤다. 병충해가 심해 시금치 이파리가 망사처럼 되었고, 하나도 출하를 할 수 없었다. 경상도식 표현으로 '완전히 조진' 것이다. 그 과정을 거치며 시금치 작목반을 함께하던 동료들 몇몇이 재배를 포기했다.

나는 이 대목에서 시금치 취재를 기획하면서부터 궁금했던 것을 물어보았다. 한겨울에 키우는 시금치인데 무슨 병충해가 그리 심할까 하는 궁금증이 있었다. 그의 대답은 이랬다. 물론 한겨울에는 농약이 필요 없단다. 그런데 파종은 9월에 해야 한다. 아직 날이 더운 9월부터 본격적인 추위가 오기 이전인 10월 하순까지가 문제이다. 11월에 접어들기만 하면 급격히 기온이 떨어져 병충해 피해가 크게 줄어든다. 그러니 9월부터 10월까지는 어쩔 수 없이 농약을 쓸 수밖에 없다는 것이다. 하지만 어쩌랴. 포기하지 않으려면 돌파하는 수밖에 없었다. 온갖 실험을 거쳐 유기농 시금치라 부를 수 있는 포항초를 다시 생산했다. 그때까지 걸린 시간이 무려 3년이다. 참으로 힘들었다.

겨울 바닷바람을 견디는 짱짱한 이파리

이날 이 회장이 보여 준 시금치 밭은 곡강이 아니라 '대보'라는 지역의 밭이었다. 이곳은 곡강 시금치와는 구별되는 독자적인 브랜드를 지닌 시금치 밭이다. 곡강에 있는 밭은 1월 내내 열심히 솎아 팔아서 밭 풍경이 그리 예쁘지 않단다. 사진이 잘 안 나올 것이라고 판단해, 이 회장이 급하게 다른 조합의 밭을 섭외해 준 것이다.

하필 이 해에는 전국적으로 시금치가 흉년이었다. 가을에 비가 많이 오는 바람에 잔뿌리가 손상되어 죽은 시금치가 많았기 때문이다. 그런 밭들은 10월 중순에 다시 파종을 해서 시금치를 키우는 경우도 많았다. 당연히 시금치 물량이 모자랐고 가격은 뛰었다. 그러다 보니 유명한 곡강 밭의 시금치는 빨리 다 팔려 버렸다는 것이다.

대보의 시금치 밭은 삼면이 바다였다. 자동차에서 내렸다. 와우! 매섭게 추운 바람에 정신이 혼미해질 정도다. 둘러보니 삼면이 바다이다. 한반도 동남쪽 마치 토끼꼬리처럼 뾰족하게 튀어나온 호미곶에 위치해 있었기 때문이다. 차가운 바닷바람이 삼면의 바다에서 불어 닥치고 있었다. 이곳의 시금치 브랜드는 '호미곶 해풍시금치'였다. 곡강 시금치와 더불어 포항초를 대표하는 시금치가 바로 이곳 호미곶 시금치이다.

이날따라 유독 바람이 거셌다. 파도는 삼켜 버릴 듯했고, 주변의 어선들도 항구에 묶여 있었다. 그저 잠깐 서 있기도 힘들 정도였다. 발밑의 시금치를 보았다. 시커멓게 색깔이 짙아들기는 했지만 그래도 푸른빛이 남아 있는 채로 죽지 않고

차갑고 세찬 겨울 바닷바람을 늘 맞으며 노지에서 짱짱하게 겨울을 나는
포항초 시금치는 키가 크지 못하고 이파리 색깔도 검은 녹색이다.

멀쩡히 살아 있었다. 하지만 시금치라고 그 추위가 왜 힘들지 않겠는가. 추운 바람을 맞으며 버티느라 모두들 땅바닥에 바짝 붙어 있다. 낮은 포복을 하듯 모든 이파리를 옆으로 쫙 벌리고 납작 엎드린 형국이었다. 기온이 영상으로 올라가면 시금치들은 이파리를 쳐들지만, 추운 날에는 이렇게 땅에 착 달라붙어 있단다. 이렇게라도 살아 있다니! 그것만으로도 장하다 싶었다. 생명에 대한 경외(敬畏)란 이런 때에 쓰는 말이다.

찬바람을 온몸으로 버텨 내며 노지에서 생존하는 시금치이니 얼마나 탱탱하고 강인하겠는가. 이 회장은 겨울 시금치의 맛은 바로 여기에서 결정이 난다고 했다.

물론 겨울 시금치는 여름 시금치와 종자가 다르니 어느 정도 달고 맛이 있기는 하다. 하지만 어떻게 키우느냐에 따라서도 맛은 크게 달라진다. 포항초·섬초·남해초라고 나오는 것 중에는 비닐하우스 안에서 키우거나 비교적 바닷바람이 덜 부는 곳에서 키운 것들이 있다는 것이다. 키우기는 쉽지만 아무래도 노지의 것보다는 맛이 훨씬 떨어진다. 심지어 같은 밭의 것이라도, 해안 가까이에서 바닷바람 많이 쐰 것일수록 더 달고 맛있다. 식물의 맛과 향이란 결국 자연 속에서 벌레와 추위, 바람 같은 악조건을 버텨 내기 위해 몸부림치면서 강인해지는 과정에서 생기는 것이기 때문이다.

쩍 벌어져 너펄거렸던 시금치가 베테랑 농사꾼의 손에 금세 단정하게
단으로 묶인다.

이렇게 달착지근한 시금치라니!

밭에서 수확한 시금치는 실내 작업장 안에서 단으로 묶는
작업을 한다. 오늘처럼 추운 날에는 아주머니들이 서둘러 일
을 접고 실내 작업을 많이 할 수밖에 없다. 기껏해야 10~15센
티미터가량의 키 작은 시금치들이 수북수북 쌓여 있고, 아주
머니들은 부지런히 손을 놀려 시금치를 다듬고 있었다.

실내에 들어와 자세히 살펴보니 확실히 노지 시금치의 모
양은 달랐다. 흙먼지가 많이 묻어 있고, 이파리 색깔은 아주
검푸른 빛을 띠었다. 슈퍼마켓에서 겨우내 내가 사 먹었던 깨

끗하고 파란 섬초·포항초가 비닐하우스의 것임을 확실히 알겠다.

다듬기의 마지막 단계를 이 회장과 호미곶 해풍시금치의 김기홍 대표가 시범 삼아 보여 주었다. 익숙하고 빠른 손놀림으로 시금치를 줍더니만 순식간에 가지런한 단으로 묶어 내어놓는다. 사무실에서 넥타이 매고 앉아 시종 차분하고 정돈된 말투로 설명을 해 줄 때의 이 회장은 마치 행정 관료처럼 보이기도 했는데, 이렇게 시금치 단 묶는 것을 보니 베테랑 프로페셔널 농사꾼이 분명했다. 이렇게 묶은 시금치 한 단은 도매 출하 가격이 2000~3000원 수준이란다. 30단 한 상자는 무려 9만 원이다.

집에 돌아와서 서둘러 시금치를 데쳤다. 노지 것이라 줄기가 질기지 않을까 우려했는데, 웬걸, 뜨거운 물이 들어가자마자 바로 무를 정도로 아주 연했다. 데친 시금치를 찬물로 헹구어 살짝 짠 후 간장과 깨소금, 참기름과 다진 파를 넣고 무쳤다. 시금치는 향이 연해서 마늘은 넣지 않는 것이 더 좋다. 나는 시금치를 간장으로 무치는 것을 좋아한다. 감칠맛이 강한 것을 좋아하는 취향이라 일본식 간장만 넣는 것을 선호하는데, 이 유기농 시금치는 워낙 맛이 달아서 일본식 간장과 집에서 담근 조선간장을 조금씩 섞었다.

시금치 특유의 단맛이 짭조름한 간장과 고소한 참기름과

착 어우러진다. 아, 이 맛에는 밥이 있어야 돼! 서둘러 밥을
펐다.

시금치를 한 박스씩 구입하는 경우는 별로 없으니, 일반 소비자
가 곡강 시금치를 직거래로 구입할 일은 별로 없다. 서울에도 유
명 백화점과 계약 판매를 하니 친환경 식품 매장에서 눈여겨 둘
러보면 곡강 시금치를 찾을 수 있을 것이다.

직거래를 하려면 포항 곡강 시금치 작목반(054-261-1577)에
직접 연락해서 박스로 구입해야 한다. 꼭 곡강 시금치를 고집하
지 않는다면, 생협이나 친환경 식품점에서 유기농 포항초를 구
입하면 된다. 웬만한 생협과 친환경 식품점에서는 유기농 등급
의 포항초를 판다.

생각보다 많이
복잡한 축산물

3

달걀

동물 복지에 유기농까지,
달걀 고르기 8단계

남편들의 유일한? 식재료, 달걀

냉장고를 열었는데 '엇, 달걀 칸이 비었네' 싶으면 대개의 주부들은 마치 비상식량 떨어진 것처럼 바로 사다가 채워 놓는다. 우리에게 달걀은 그런 식품이다. 애완견보다 조금 낫다는 농담이 나올 정도로 자기 밥도 자기 손으로 해먹기 힘들어하는 남편들도, 유일하게 해먹을 수 있는 반찬이 계란프라이 아니던가.

기본적인 반찬이어서 그런지 달걀 음식은 개인별 취향도

늘상 먹는 기본적인 식품이지만 항생제, 색소 등 온갖 것을 생각하다 보면 달걀 사기가 그리 만만하지가 않다.

뚜렷하다. 나는 반숙 계란프라이를 간장 양념에 먹는 것을 좋아한다. 소금 뿌린 서양식 계란프라이보다는 일본식 간장을 조금씩 뿌려 가며 먹는 것을 더 좋아한다. 그에 비해 계란말이와 계란찜은 깔끔한 것을 선호한다. 양파나 당근 같은 들척지근한 야채를 잔뜩 넣은 계란말이는 그다지 좋아하지 않는다. 일본식 계란말이처럼 맛술을 넣어 들척지근하게 만든 것도 별로다. 오로지 소금과 다진 파만 넣고 부친 고소한 맛을 즐긴다.

계란찜 취향은 더 옛날식이다. 흔히 음식점에서 술안주로 자주 내놓는, 뚝배기에 담겨 그릇 위로 찰랑거리는 계란찜은 별로이다. 가열된 뚝배기 위로 한껏 부풀어 올라 야들야들 흔들리는 비주얼에 매혹당하지 않는 것은 아니다. 그러나 비주얼의 드라마틱한 매혹은 잠시뿐, 그 속에 든 맛살 등 부재료도 달걀 국물에까지 우러나오지 않아 그리 맛있다는 감동이 없고, 불로 직접 가열하여 밑을 눌게 만든 것도 그리 마음에 들지 않는다. 내가 좋아하는 계란찜은 쇠고기 다진 것을 조금 넣고 소금으로 간을 한 후, 위에 파를 다져 얹어 증기로 찌거나 전자레인지에서 부드럽게 익힌 방식이다. 숟가락을 댔을 때에 고기와 달걀 맛이 어우러진 말간 국물이 솟아올라오는 것, 밑바닥까지 깔끔한 계란찜이 좋다. 물론 가끔은 명란젓을 넣어 단단하게 굳힌 짭짤한 계란찜도 입맛을 돋운다.

어렵다, 어려워! 차별화된 달걀들

이렇게 기본적인 식품이 달걀이지만 막상 장을 보려 하면 달걀 사기가 그리 만만하지 않다. 값 때문만은 아니다. 조류 인플루엔자 여파로 값이 급등하는 경우가 아니라면, 달걀은 가장 싼 식재료 중의 하나이다. 하지만 그건 30개 한 판에 5000원 내외의 저가 달걀에만 해당하는 이야기일 뿐이다. 지갑에 조금만 여유가 있어도, 이런 달걀을 사기에 망설여진다. 왜냐하면 이보다 비싼 달걀들이 차별화된 질을 주장하고 있기 때문이다. 공장식으로 달걀을 생산하는 축사에서 항생제는 기본이고 색소까지 든 사료를 쓰고 있다는 이야기가 심심치 않게 들리니, 그저 싼 가격만 보고 덥석 달걀을 집게 되지 않는 것이다.

게다가 살충제 달걀 파동까지 생기고 나니 걱정이 태산이다. 살충제 성분이 검출된 달걀도 '친환경' 인증을 받은 것이라는데, 도대체 어떻게 친환경 인증 달걀에서 그런 일이 벌어질 수 있단 말인가. 농가에서 인증 기관을 속인 것인지, 인증 절차가 엉성한 것인지…….

그런데 좀 비싼 달걀은 포장지가 아주 복잡하다. 정신 차리고 꼼꼼히 읽어 보자. 아, 역시 어렵다. 무항생제, 무합성 착색료, 무산란촉진제까지는 무슨 말인지 이해하겠다. 뒤집어 이해하면 이런 말을 써 놓지 않은 값싼 달걀은 항생제, 합성 착색료, 산란촉진제 같은 것을 썼을 가능성이 높다는 의미일 것이다. 그러나 이것만으로 안심할 수 있을까? 요즘 중간 정도 가격의 달걀은 대부분 '무항생제 인증'의 친환경 마크가 붙어 있다.

그 옆을 보면 훨씬 비싼 달걀들이 수두룩하다. 무항생제 인증은 기본이고, 목초액·녹차·인삼 같은 것을 넣은 사료를 먹였다고 차별화한 달걀이 있고, 유정란이니 방사란이니 주장하는 달걀, 심지어 '동물 복지'를 제목에 내세운 달걀까지 있다. 이쯤 되면 가격은 10개에 5000원 이상으로 높아진다. 1000원으로 달걀 두 개를 못 사는 것이다.

달걀로서는 최고 수준이라는 '유기농' 달걀을 생산하는 경기도 여주 에덴농장을 찾아가면서 가진 숙제는 이 복잡한 차이를 이번 기회에 말끔하게 이해해야겠다는 것이었다.

좁은 케이지에서 생산되는 대부분의 달걀들

3개 농장에서 4만 마리 정도의 닭을 키우며 달걀을 생산하는 에덴농장은 그 동네 토박이였다. 1980년대 중반부터 주위에서 미쳤다는 소리를 들으며 유기농 쌀과 달걀 등에 심혈을 기울여 온 손부남 대표의 농장으로, 이제 그 아들 손성운 씨가 실질적인 운영을 맡고 있었다. 40대의 젊은 경영자는 부지런하고 활동적으로 보였다.

손성운 씨의 설명을 듣고 보니 달걀의 종류가 만만치 않았다. 공부한 내용을 차근차근 정리해 보면 다음과 같다.

1   **가장 값싼 달걀 (즉 아무런 특이함도 강조할 것이 없는 달걀)**

● **좁은 케이지에서 사육**

닭이 허리도 못 펴고 뒤도 돌아보지 못할 정도의 좁은 공간에서 밤에도 불을 켜 알을 낳도록 만드는 방식이다.

● **일반 사료 사용**

즉 대개는 수입된 곡류가 다량 포함된 사료이며, 사료로 쓰이는 값싼 수입 옥수수는 유전자조작(GMO)식품일 가능성이 매우 높다.

● **항생제를 섞어 먹이며 산란촉진제나 착색료를 쓰는 경우도 적지 않다.**

항생제를 쓰는 것은 좁은 케이지에서 키우느라 닭의 건강이 나빠지기 때문이다. 병에 걸리기 쉬우니 항생제를 늘 먹이게 된다. 또한 빠른 시간 내에 많은 알을 낳게 하기 위해 산란촉진제를 쓴다. 밤에도 조명을 비추니 닭들은 밤낮으로 먹고 알을 자주 낳는다. 그러다 보면 닭이 약해지고 수명이 짧아진다. 닭끼리 부리로 쪼아 다치는 것을 막기 위해 부리를 자르는 것도 일반화된 사육 방식이다. 착색료는 노른자의 색깔을 진하게 만들기 위해서 쓴다.

2 무항생제 인증 달걀

● **항생제를 먹이지 않고 생산하여 공식적으로 인증을 받은 달걀**

이 달걀의 핵심은 '무항생제'이다. 따라서 1의 방식으로 똑같이 키우면서 사료에서 항생제만 먹이지 않아도, '무항생제 인증'을 받을 수 있다. 즉 좁은 케이지에서 밤낮 없이 알을 낳게 하고, 심지어 착색제나 산란촉진제를 써도 항생제만 안 쓰면 '무항생제 인증' 마크를 달 수 있다는 의미이다. 그러니 무항생제 인증으로 친환경 마크가 찍혔다 해도, 일반 값싼 달걀과의 차별성이 그뿐이라면 그리 엄청나게 건강한 달걀이라고는 볼 수 없다.

케이지에서 키우므로 닭이 건강하지 않으므로 진드기 때문에 살충제 같은 것을 쓸 수도 있다. 2017년에 터진 살충제 달걀이 이런 경우이다. 하지만 항생제는 쓰지 않았으니 '무항생제' 인증을 받은 것이고, 그래서 '친환경' 달걀이라고 하는 것이다. 하지만 친환경에도 수준이 있음을 기억하자.

3 무색소, 무산란촉진제 등을 밝혀 놓은 달걀

- 역시 착색제나 산란촉진제만 먹이지 않았을 뿐, 1의 방식으로 똑같이 키웠을 가능성이 높다.
- 게다가 '무항생제'는 인증 제도라도 있지만, 무색소나 무산란촉진제는 그나마의 인증 절차도 없다. 그냥 농가가 그렇다고 주장하니 그렇게 믿을 수밖에 없는 것

이다.

- 그러므로 무색소와 무산란촉진제라고 밝혀 놓고 무항생제 인증이 없는 달걀은, 항생제를 써서 키웠을 수 있다. 당연히 다른 약품으로부터도 안전하지 않다.

4　목초액, 녹차, 인삼 등 특정 사료를 내세운 달걀

- 역시 사료에 그 재료들을 섞어 먹였다는 것일 뿐, 다른 조건은 동일하다. 게다가 닭의 건강을 위해 사료에 섞었다는 그 재료들이 정말 닭이나 달걀에 큰 영향을 미치는 것인지, 사료에 얼마나 섞인 것인지도 따져 볼 수 없다. 아주 조금 사료에 섞고, 포장지에만 내세워도 거짓말이라고는 할 수 없는 것이다.

이 정도까지가 비교적 값이 저렴한 달걀이다. 설명을 듣고 나니, 왜 무항생제니 인삼이니 하는 것을 내세웠음에도 불구하고 값이 이토록 저렴한지 이해가 되었다. 결국 층층이 만들어 놓은 좁은 케이지에서 밤낮 없이 달걀만 뽑아내는 방식이란 점에서는 다를 바가 없기 때문이다.

이제부터 진짜! 유정란과 방사란

여기에서 질의 차원이 달라지는 것이 '유정'과 '방사'란 말이 붙기 시작하는 달걀부터이다.

5   유정란(有精卵)

● **암탉과 수탉을 섞어 키워, 수정(受精)을 하고 낳았을
  가능성이 높은 달걀**

암탉은 수탉과 수정을 하지 않고서도 알을 낳을 수 있다. 그러나 그것은 병아리로 부화할 수 없는 무정란이다. 즉 유정란은 부화하면 병아리가 될 수 있는 달걀이고, 따라서 비교적 건강한 달걀이라는 의미를 포함한다.

물론 암수를 섞어 키운다고 모두 부화할 수 있는 달걀이 나온다고는 할 수 없다. 섹스리스 부부가 있듯이, 암탉이 수정 안 된 달걀을 나을 수 있는 것이다. 따라서 유정란을 제대로 이야기하려면 '부화율', 즉 생산된 달걀 중 몇 퍼센트가 부화할 수 있는 달걀인가를 따지는 것이 중요하다.

그렇다면 제대로 된 유정란을 생산하려면 어때야 할까? 암수의 비율이 적절해야 하고, 교미를 할 수 있을 정도의 조건이 이루어져야 한다. 암탉 100마리에 수탉 한 마리를 함께 키우고서, 생산된 달걀을 모두 유정란이라 우긴다면

그건 사기다. 또 좁은 케이지에서 몸 한 번 못 돌리게 해 놓고, 수탉을 섞어 키운다고 암수의 교미가 이루어질 수 있는 것은 아니다. 그러니까 제대로 된 유정란을 생산하려면 암수의 비율이 적절해야 하고, 교미를 할 수 있는 사육 환경이 갖추어져야 한다.

● 게다가 우리나라에는 유정란 인증을 매기는 제도가 없다. 유정란 여부는 오로지 생산자의 양심에 맡겨져 있다.

그러니 제대로 된 유정란이 되려면 방사(放飼), 즉 케이지가 아닌 평평한 단층의 시설에서 닭들을 돌아다닐 수 있도록 키우는 것이 필수 요건이 된다. 즉 '방사란'이 되어야 한다는 것이다.

6   방사란(放飼卵)

● 케이지가 아닌 넓은 계사(鷄舍)에 풀어 놓아 키운 닭에서 생산된 달걀

이런 달걀은 당연히 항생제, 색소, 산란촉진제 따위로 달걀의 격을 떨어뜨릴 이유가 없고, 방사를 하니 당연히 암수를 섞어 유정란을 생산하기도 쉬워진다. 생협 등에서 파는 달걀에 대개 '방사 유정란'이라고만 써 있는 것은 이

런 이유이다. 나머지 사항은 쓸 필요도 없다.

- 그런데 방사란도 인증 절차는 없다. 생산자의 양심에
맡겨져 있다.

7   동물 복지 인증 달걀

- 농림축산검역본부의 동물 보호 관리 시스템에 의해
일정한 기준을 갖추어 생산하고 인증된 달걀

축산 농가에는 '동물 복지 축산 농장'이라는 인증 마크,
생산 달걀에는 '동물 복지'라고 쓰인 인증 마크를 붙인다.
이런 농장과 달걀 판매처는 농림축산검역본부의 동물 보
호 관리 시스템 사이트(http://www.animal.go.kr)에 게
시해 놓았다.

- 이 사이트에 의하면 동물 복지는 '배고픔과 갈증, 영
양 불량으로부터의 자유', '불안과 스트레스로부터의
자유', '정상적 행동을 표현할 자유', '통증·상해·질병으
로부터의 자유', '불편함으로부터의 자유'의 5대 자유
를 보장하는 것을 의미한다.

- 동물 복지 인증이 자유 방목 수준까지의 사육 환경
을 요구하는 것은 아니다. 따라서 동물 복지 인증 마
크를 단 달걀일지라도 자유 방목을 하지 않은 달걀이

더 많다. 위의 사이트에 의하면 2017년 현재 달걀 생산 동물 복지 축산 농장은 87곳인데 이 중 자유 방목까지 하는 농장은 불과 15곳뿐이다.

물론 이런 인증 절차가 있으면 헷갈리게 하는 여러 상술도 있게 마련이다. 동물 복지 인증 마크를 달지 않은 채, 포장지에 '동물 복지'를 연상시키는 문구를 넣은 달걀도 있으니 혼동하지 않도록 주의해야 한다. 그나마 공식적 인증 절차가 있으니 얼마나 다행인가. 눈 밝고 꼼꼼한 소비자라면 가려낼 수 있으니 말이다.

횟대에 올라앉은 에덴농장의 닭들

위의 기준으로 보면 여주 에덴농장은 자유 방목을 하는 동물 복지 인증 농가이다. 동물 보호 관리 시스템 사이트에 등록되어 있다.

직접 가 보니 그곳은 지붕이 있는 넓은 계사에서 풀어놓고 키우는 방식의 농장이었다. 계사 바닥에는 왕겨가 깔려 있고, 가운데에 횟대가 있어 닭들은 어설픈 날갯짓으로 거기에 올라앉기도 했다.

에덴농장을 방문한 때는 더운 8월이었고, 닭똥 냄새에 눈이 따가울 것이라 겁먹고 지레 심란했었다. 그러나 에덴농장의 계사에서는 양계장 악취가 거의 나지 않았다. 계사는 넓었고 바람이 잘 통했기 때문이다. 아래 깔린 왕겨도 축축하게 찌든 모양이 아니었고 꽤나 보송보송해 보였다. 그 왕겨에 몸을 파묻고, 목을 몸통에 푹 박은 채 모래 목욕을 하는 닭들도 있다. 이렇게 키우려니 왕겨는 자주 갈아 주어야 한다. 닭똥이 섞인 이 왕겨는, 주변의 유기농 농사를 짓는 분들이 가져다가 비료로 쓴다고 했다.

볏이 큰 수탉은 암탉을 여러 마리씩 거느리고 다녔다. 시골 마을에서 풀어 키우는 닭들처럼 이곳 수탉도 그렇게 기세등등했다. 돌아다니며 우렁찬 소리로 '꼬끼오' 하고 울어 젖혔고, 산란 상자에 알을 낳고 나온 암탉은 보란 듯이 '꼬꼬꼬' 하고 울었다.

그런데 에덴농장의 계사는 두 가지로 나뉘어 있었다. 모두 '방사', '유정', '동물 복지'의 조건을 만족시키기는 하지만, 한쪽 계사는 일반적인 동물 복지 방사 유정란보다 한 급 높은 달걀을 생산하는 곳이었다. 바로 친환경 달걀의 최고 단계인 '유기농' 달걀을 생산하는 계사가 있었다.

이제 마지막으로 유기농 달걀을 설명해야 한다.

계사 부근 어디에도 지저분한 느낌이 없다. 유기농 사료만 골라 먹여 얻은 최고급 유기농 달걀을 정갈한 농장 한구석에 놓고 사진을 찍었다. 짚으로 만든 꾸러미는, 짚풀생활사박물관 인병선 관장이 직접 만들어 제공해 주었다.

● **암수 섞어 방사, 유기농 사료 등 유기 생산의 기준으로 생산되고 인증을 받은 달걀**

당연히 항생제, 착색제, 산란촉진제 등의 약품을 안 쓰는 것은 기본이다. 또 암수를 섞어 시원스레 방사한 동물 복지 방사 유정란의 조건도 기본적으로 갖추었다. 여기에 '유기농 사료'까지 먹여 생산한 것이 '유기농 달걀'이다. 즉 모든 유기농 달걀은 무항생제, 무산란촉진제, 무착색제, 동물 복지 방사 유정란이다. 일반적인 동물 복지 방사 유정란과 유기농 달걀의 가장 중요한 차이는 '유기농 사료' 여부이다.

유기농 인증을 받기 위해서는 매우 까다로운 절차를 모두 지켜야 한다. 부근에 잡초가 있어도 제초제를 뿌릴 수 없다. 방사하여 키우는 닭이 돌아다니면서 제초제 뿌린 잡초를 쪼아 먹을 수도 있기 때문이다. 또 병아리를 사다가 3개월을 유기농 사료만 먹여야 유기농 달걀이라고 팔 수 있다. 병아리 때에는 내내 일반 사료를 먹이다가 달걀 출하할 때에만 살짝 유기농 사료로 바꾸는 편법을 쓰면 안 되기 때문이다. 유기농 사료를 먹이기 시작한 지 3개월이 되기 전에 낳은 달걀은 '유기농 전환'임을 밝히거나 그냥 '방사 유정란'으로 팔아야 한다.

이쯤 되면 당연히 질문이 떠오른다. 일반적인 방사 유정란 급까지의 달걀은 어떤 사료를 먹여 생산된 것인가 하는 질문 말이다. 당연히 유기농으로 키우지 않고 농약, 화학 비료를 써서 키운 사료이다. 그리고 값싼 유전자 조작(GMO) 수입 곡물이 사료에 포함되어 있다. 그것들은 닭과 달걀을 통해 사람 몸에 들어올 것이다.

생산비는 높고 이윤은 낮으니

모두 유기농 달걀만 생산하면 얼마나 좋을까마는, 문제는 값이다. 유기농 사료의 수입가가 워낙 비싸다. 생산 원가가 거의 두 배 수준이다. 그러니 납품 가격도 높아질 수밖에 없는데, 그렇다고 해서 무작정 소비자 가격을 높일 수가 없다. 아무리 생산비가 많이 든다 해도, 달걀 한 개에 1000원을 받을 수는 없는 노릇 아닌가. 그러니 소매상인들이 유기농 달걀을 판매하기가 쉽지 않다. 이윤은 박하고 찾는 소비자도 많지 않다면, 누가 귀찮게 이런 물건을 취급하겠는가. 어쩐지! 생협이나 이름 난 친환경 식품 판매장에도 유기농 달걀이 아닌 그냥 방사 유정란만 놓여 있는 이유를 이제야 알겠다.

돈 때문에 에덴농장도 무작정 유기농 달걀만 생산할 수가 없단다. 그래서 동물 복지 방사 유정란과, 유기농 사료를 먹인 '유기농 인증' 달걀, 이 두 가지를 함께 생산하고 있다. 게다가 안타깝게도 유기농의 비중이 자꾸 줄어든다. 아직 유기농에 대한 인식은 낮고 값은 비싸 대중성이 없는데, 비용이 많이 드니 이윤이 너무 박하다는 것이다. 그래도 유기농을 포기할 수 없는 것은 여태껏 대를 이어 유기 농업을 해 온 사람으로서의 신념과 자존심이다. 아버지 손부남 씨는 유기농에 대한 인식이 없던 1980년대부터 벼와 닭을 키우며 유기농을 실천해 온 사람이었으니 이를 쉽게 포기할 수는 없는 것이다.

그래서 유기농 달걀은 아주 소수의 매장에서만 살 수 있다. 서울에서는 하나로마트 양재점 정도이며, 인터넷으로는 '팔도 다이렉트' 같은 깐깐한 인터넷 사이트에서 구입할 수 있다.

의외로 샛노랗지 않은 유기농 달걀

그럼 맛은 어떨까? 익혀서 먹는 경우라면 맛으로는 거의 차이가 없다. 단 날계란으로 먹을 때에는 달걀 비린내가 없고 고소한 맛에서 차이를 느낄 수 있다.

눈에 띄는 대목이 또 있다. 바로 노른자의 색깔이다. 비싸고 좋은 달걀이니 더 노랗고 진할 것이라고 예상했으나 예상은 빗나갔다. 의외로 노른자 색깔이 심하게 진하지 않다. 착색제를 쓰지 않고 케이지에서 키웠다는 일반적인 달걀들도 꽤 노란데, 이 유기농 달걀은 확연히 흐린 편이다. 대신 싱싱하게 탱탱하게 동그란 노른자의 질감은 고스란히 살아 있다. 케이지에서 일반 사료로 키운 닭들이 영양 과잉 상태여서 노란색이 진해진 걸까. 전문가가 아니니 잘 알 수는 없지만, 그저 색이나 크기로만 달걀을 판단하는 일반 소비자의 상식이 꼭 옳은 것만은 아니구나 싶다. 진짜가 꼭 눈으로만 판별되는 것은 아니라는 평범한 진리를 다시 한 번 생각했다.

이 취재를 끝내고 난 후 나는 에덴농장에서 직접 구매하는 방식으로 유기농 달걀을 사 먹고 있다. 농장에 직접 주문할 때에는 전화로 주문한다. 물론 팔도다이렉트 사이트를 통해 인터넷으로 주문할 수도 있다.

가격은 좀 비싸긴 하다. 에덴농원과 직거래를 하면 40개에 배송비 포함 26500원, 팔도다이렉트를 통하면 28000원이다. 유기농 달걀을 취급하는 다른 농가에서도 이렇게 30~40개씩 택배 주문을 받아 직거래한다고 한다. 개당 가격이 600원이 넘으니, 결코 싼 가격은 아니다. 하지만 웬만한 동물 복지 방사 유정란도 개당 400원이 훌쩍 넘으니 약간만 무리를 하면 못 먹을 수준은 아니다. 물론 이 '약간의 무리'가 참 힘들긴 하지만 말이다.

하지만 조류 독감 파동과 살충제 달걀 파동이 난 후에는 좀 달라졌다. 달걀 값이 워낙 비싸졌고 불안감도 높아졌기 때문이다. 돈 조금 더 들이더라도 안전한 달걀 사 먹겠다고 생각하니 마음이 편해졌다.

돼지고기

유기농 돼지에서
오메가3 돼지로

저희 고기는 그저 덜 해로운 고기일 뿐이에요

돼지고기에도 유기농이 있다고? 대개 사람들은 이렇게 되물었다. 생협을 이용하는 사람들에게도 유기농 돼지고기는 잘 눈에 띄지 않는 품목이기 때문이다. 마치 유기농 달걀을 생협에서 취급하지 못하는 것처럼 유기농 돼지고기, 유기농 쇠고기 역시 아직 생협 매장에까지 들어올 정도에 이르지는 못했다. 생산자가 많지 않다는 뜻이다.

그러니 유기농 고기를 구하기 위해서는 열심히 인터넷을

뒤져 정보를 얻는 수밖에 없었다. 쇠고기에서는 '네이처오다', '산청목장' 같은 몇 군데를 찾을 수 있었는데, 돼지고기에서는 단연 '가나안농장'의 유기농 돼지고기가 대표적이었다. 충남 예산군 덕산면의 가나안농장의 돼지고기는 2002년 무항생제 인증에 이어 2006년에 유기 축산 인증을 받았다.

그런데 정작 찾아가 만나 본 가나안농장의 이연원 대표는 자신의 고기가 그리 좋은 고기가 아니라고 말했다. 유기농이 아니라는 의미가 아니다. 유기농 돼지고기인 것은 분명하다. 그런데 이 역시 그저 '덜 해로운' 고기일 뿐이란다. 이보다 더 건강한 돼지고기를 생산하겠다고 연구 중이라는 것이다. 그게 2012년 일이었다.

그리고 그다음 해인 2013년에 전화가 걸려 왔다. 이연원 대표였다. "이제 완성했어요." 그냥 '유기농'인 수준보다 더 건강한 돼지고기를 생산할 수 있게 되었다는 것이다. 무항생제 사육에서 유기 축산에 이르렀으면 됐지, 또 어디로 올라간단 말인가. 앞서 유기농 달걀을 설명할 때에도 그랬지만, 돼지고기 역시 '조금 더' 건강한 고기 생산을 위한 노력의 정도는 설명하기가 꽤 복잡하다.

몸도 돌리지 못하게 하는 철제 스톨

'이연원유기농돼지'는 우리나라 친환경 돼지고기를 대표하는 브랜드이다. 돼지고기를 사러 대형 마트에 가 본 사람은 안다. 돼지고기가 정말 다양하여 참으로 고르기 어렵다는 것을 말이다. 외국산 돼지고기는 일단 제외하기로 하자. 덴마크 등 유럽에서 수입하는 돼지고기도 생각보다 많이 팔린다. 나는 꽤나 유명한 음식점에서 수육에 수입산 삼겹살을 쓴다는 걸 보고 놀란 적이 있다. 매장에 원산지 표기가 어떻게 되어 있었는지는 기억나지 않는다. 분명한 것은 외국산 박스에서 냉동 삼겹살을 꺼내 해동하는 것을 직접 목격했다는 점이다. 이런 외국산 돼지고기가 많이 소비되는 것은 맞지만 이 글에서 논의할 것은 아니니 제쳐 두자.

국내산 돼지고기를 크게 나누면 브랜드 없이 판매되는 일반 돼지고기와, '도드람한돈', '강원한돈' 등 브랜드 이름을 붙여 판매하는 돼지고기로 나눌 수 있다. 당연히 브랜드 이름을 붙인 돼지고기는 까다로운 품질 관리를 하며 키운다는 점을 내세우고 값도 비싸다. 이런 돼지고기를 다 먹어 보지 못해 단언할 수는 없지만, 이천에 살던 시절에 이천 도드람산 이름을 딴 도드람포크(그때는 이름이 이랬다.)는 꽤 자주 먹었다. 값은 약간 비싸지만 식감이 쫄깃하고 돼지 냄새가 적어 맛이 있었기 때문이다.

브랜드 이름을 살펴보면 '흑돼지'처럼 돼지 종자가 다름을 내세운 이름들도 있고, 녹차·인삼·허브 등 독특한 먹이를 먹여 고기의 질을 높였다는 것들이 많다. 하지만 사료를 특별하게 먹였다 할지라도, 이런 고기의 대부분은 '친환경'이라 하기 힘들다. 모두 철제 감금 틀인 스톨에서 키우며, 사료 배합에서 나름의 노하우를 갖고 있지만 그래도 일반 사료를 기본으로 하여 키우기 때문이다. 즉 관행농 범주의 돼지고기인 것이다.

돼지를 좁은 스톨에서 키운다는 것을 모르는 사람은 의외로 많다. 감금 틀에서 키우는 공장제 축산은 양계에서나 있는 일이라고 생각하나, 실제로는 돼지고기의 태반이 이런 곳에서 생산된다. 닭의 케이지와 마찬가지로 돼지의 스톨 사육도 좁은 공간에서 많이 키우기 위해 고안된 것이다. 좁은 공간에서 많은 돼지를 키우다 보면 당연히 돼지끼리 부딪치고 다치기 십상이다. 그러니 딱 한 마리씩만 들어갈 수 있는 철제 스톨을 만들어 거기에 가두어 키우는 것이다. 이런 돼지는 운동도 못하고 장난도 칠 수 없으며, 심지어 몸의 방향을 돌리는 것도 불가능하다. 오로지 먹고 싸고 앉았다 일어섰다 하는 것만 할 수 있을 뿐이다. 당연히 몸이 허약해지니 항생제 등을 사료에 섞어 쓰는 것이 일반적이다. 유럽에서는 2013년에 스톨 사육을 금지했다.

악취 없는 돼지우리

그럼 '친환경'이라 부를 수 있는 돼지고기는 뭘까? 일단 '무

가나안농장의 이연원 대표가 돼지들을 돌보고 있다. 돼지들은 주인의 움직임에 따라 강아지처럼 따라다닌다. 돼지우리에는 톱밥을 두껍게 깔아 발굽을 보호하고 청결을 유지하도록 했다.

항생제' 등급 이상은 되어야 한다. 생협이나 친환경 식품점에서 판매하는 고기는 대개 무항생제 인증을 받은 것들이다. 이에 대해서는 공식적인 인증 절차가 있다. 무항생제 인증을 받으려면 마리당 차지하는 돈사의 넓이를 지켜야 하고, 항생제를 섞지 않은 사료를 먹여 고기에서 항생제가 검출되지 말아야 한다. 혹시라도 병에 걸려 항생제를 투여할 때에도 일일이 검진 기록을 남기며 인증 기준을 지켜야 한다. 하지만 완전히 우리에서 풀어 키우는 '동물 복지' 수준의 사육 환경을 갖추지 않은 곳도 많으며, 값싼 유전자 조작 식품이나 빠른 생육을

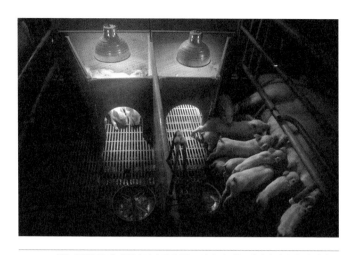

생후 1주일 된 돼지들이 어미 젖을 빨고 있다. 유기농 방식의 사육을 하더라도, 수유 기간에는 어쩔 수 없이 어미돼지를 좁은 틀 안에 가둘 수밖에 없다. 그렇게 하지 않으면 새끼들이 어미에 깔려 죽는 경우가 많기 때문이다.

위한 동물성 단백질이 섞인 사료를 쓰는 것도 허용된다.

여기에서 한 걸음 더 나아간 것이 '유기농' 등급이다. 사육 환경과 사료 등에서 훨씬 더 까다로운 기준을 지켜야 한다. 특히 유기농 사료를 쓰는 것이 핵심이다. 항생제와 호르몬제를 쓰지 못하는 것은 물론이거니와, 농약과 화학 비료를 쓰지 않고 키운 유기농 식물로만 채워져야 하고 당연히 값싼 유전자 조작으로 키운 곡물도 배제된다. 이런 유기농 사료는 수입 가격이 훨씬 비쌀 뿐 아니라 생선가루나 분유 같은 동물성 단백질이 섞여 있지 않아 돼지를 빨리 키울 수 없다. 그래서 출하에 이를 때까지 무항생제 돼지보다 한 달을 더 키워야 한다. 당연히 생산비가 훨씬 많이 든다. 우리나라에서 무항생제 사육농은 500곳 이상이지만, 유기농 인증을 받은 곳은 다섯 손가락을 꼽기 힘든 정도이다.

실제 찾아가 본 가나안농장에서는 돼지들을 톱밥 깔린 넓은 돈사에 풀어 키우고 있었다. 임신한 돼지들은 먹을 때를 제외하고는 늘어져 잠을 자고 있었지만, 아직 귀여운 티가 남은 어린 돼지들은 돈사 안에서 껑충거리고 뛰며 돌아다녔다. 돈사 안에서는 아무래도 돼지 냄새가 났지만 그리 심한 정도는 아니었다. 바닥에 깔아 놓아 돼지 똥이 뒤섞인 톱밥에 코를 대고 맡아 봐도 워낙 잘 발효되어 아무 냄새도 나지 않았다. 동물성 단백질이 들어 있지 않은 유기농 사료를 먹이면 분뇨의 악취는 훨씬 덜하단다. 유기농 사료를 먹고 싸 놓은 건강한 똥은 귀한 재료이다. 고스란히 유기농 쌀과 밀 재배 때 비료로 쓰인다. 도축과 유통도 일반 도축장을 쓰지 않는다. 씨알살림축산이라는 친환경 고기 전문 업체가 도맡아 한다.

이런 돼지고기이니 당연히 값이 비싸다. 서울에서 가나안농장의 유기농 돼지를 파는 매장 역시 다섯 손가락 안쪽이다. 삼겹살 100그램이 3000~5000원 수준이니 금테 둘렀다는 소리가 나올 만한 값이다. 가격은 매상마다 좀 들쭉날쭉하다. 서울 강남의 백화점에서는 비싸게 팔고 강북에 있는

'사러가쇼핑' 같은 곳에서는 좀 싸다. 판매점의 차이일 뿐이며 질의 차이는 아니란다.

잘 굳지 않는 돼지기름

이런 돼지고기의 맛은 어떨까 궁금해서, 취재를 마치고 돌아오는 길에 이 고기를 사다가 당장 먹어 보았다. 확실히 일반 돼지고기에 비해 돼지 냄새가 적고, 식감이 퍽퍽하지 않고 부드러우면서도 쫀득하다. 심지어 삼겹살은 물론이거니와 앞다리살 같은 다소 싼 부위도 쫀득쫀득 맛이 있었다. 그러나 고기란 다 웬만큼 맛있는 법이다. 일반 돼지고기도 '금겹살'인데, 돈이 없어 못 먹지, 맛이 없어 못 먹는다는 사람이 몇이나 되겠는가.

그러니 비싼 돼지고기를 구입하는 소비자에게 더 중요한 문제는 맛이 아니라 건강일 수 있다. 인간의 건강뿐 아니라 돼지에게 최소한의 복지가 주어져 조금 더 건강할 수 있는, 그런 사육 방식 말이다.

이연원 대표가 설명하는, 유기농 돼지고기가 사람 몸에 더 좋다는 근거는 이러했다. 유기농 돼지고기는 지방 중 불포화 지방산의 비율이 현격하게 높단다. 포화 지방산은 실온에서 고체로 굳는 굳기름이고, 불포화 지방산은 액체 기름이다. 일반 돼지고기에 비해 굳기름이 적으니 혈관 등 몸에 주는 부담이 덜하다는 뜻이다. 엄청나게 비싼 이 고기가 매장에서 팔리기 시작한 것도 이 점을 눈으로 확인시켜 주면서부터였단다.

냉장고에 들어 있는 고기로만은 다른 돼지고기와 구별되지 않는다. 그런데 일반 돼지고기와 유기농 돼지고기를 구웠다가 식히면 그 차이가 눈으로 보인다. 한쪽은 구울 때 녹은 기름이 식으면서 다시 하얗게 굳는데, 유기농 돼지고기는 여전히 맑은 액체 상태로 남아 있었다. 농약이니 항생제니 하는 설명은 제쳐놓고, 그저 이것을 보여 주는 것만으로도 소비자의 지갑을 열기에 충분했다.

오메가3 돼지고기를 향하여

그런데 이연원 대표는 여기에서 한 걸음 더 나아가고 있었다. 포화 지방산 비중이 낮은 고기라 할지라도, 여전히 그 지방 속의 오메가6의 비중은 지나치게 높다고 생각한 것이다. 이는 풀 사료가 아닌 곡물 사료로 키우기 때문이다. 이는 유기농도 마찬가지이다. 단지 그 곡물이 유기농 곡물이라는 차이일 뿐이다. 사람이나 돼지나 풀을 적게 먹고 곡물이나 고기, 기름을 많이 먹어 몸 안 지방산의 오메가3와 오메가6의 적절한 비율이 깨어져 있는 상태란다. 오메가6의 비중이 매우 높은 것이다. 이로 인한 몸의 불균형이 인체를 병들게 하

유기농 돼지 삼겹살. 겉보기에는 별다를 게 없어 보이지만 구워 먹어 보면 그 차이를 느낄 수 있다. 돼지 냄새가 거의 나지 않고, 접시에 묻은 기름은 식어도 굳지 않는다.

므로, 아예 알약 형태의 오메가3를 따로 챙겨먹는 사람들도 많다. 하지만 이보다 식생활을 바로 잡는 것이 더 좋은 방법이라는 생각들은 다 하고 있다. 그저 채식주의자가 아닌 이상 고기를 먹지 않고 살 수 없기 때문에 난감할 뿐이다. 그런데 풀을 먹여 키운 가축의 고기는 오메가6와 오메가3의 균형이 비교적 건강한 상태라고 한다. 고기를 먹으면서 하게 되는 건강 걱정을 조금은 덜 수 있는 것이다.

게다가 곡물 사료는 모두 외국에서 수입한다. 식물은 이산화탄소를 흡수하고 산소를 방출하는데, 우리나라에서는 사람이나 가축이나 곡물을 수입해서 먹으니, 산소 발생은 못한 채 이산화탄소만 열심히 방출하는 셈이다. 그런데도 우리나라는 점점 더 곡물 생산을 줄이는 추세이다. 말할 것도 없이 곡물 농사로 수지를 맞추기 힘들기 때문이다. 채식주의자들은 지구상의 식량 문제 해결을 위해서 고기를 먹지 말아야 한다고 주장한다. 고기 생산은 식물 식품 생산에 비해 너무 많은 에너지를 소모하기 때문이란다. 그렇게 근본적인 문제 제기까지 나아가지 않더라도, 이 땅에서 수입 곡물로 가축을 키워 고기를 먹어야 한다는 건 얼마나 불합리한 것인가. 한국에서 축산을 하는 것이 사람에게나 자연에게나 좋을 게 하나도 없다는 게 그의 고민이었다. 축산을 계속 해야 한디면 최선의 선택은 우리 땅에서 유기농으로 건강한 풀을 키워 돼지를 먹이는 방법이다. 그게 그의 결론이었다.

그래서 그는 풀, 콩깍지 등의 섬유소를 발효시킨 돼지 사료를 만드는 것에 전력하고 있다고 말했다. 우리 땅의 섬유소 많은 식물들을 돼지가 소화하기 쉽도록 발효시켜 먹이면, 사람에게 훨씬 더 건강한 고기가 생산되고 가격도 싸질 수 있으리라는 생각에서이다. 지금처럼 수입 곡물 사료로 축산을 계속하는 것은 나라와 국민에게 죄를 짓는 일이란다. 2015년까지 이걸 성공시키지 못하면 축산 일을 접겠다고까지 말했다.

이러니 시장 논리로 보면 정말 이상한 사람 아닌가. 유기농 돼지고기 시장의 최고 브랜드를 갖고 있고 앞으로도 친환경 시장은 계속 늘어날 것이다. 이제 본격적인 기업화의 길로 들어서라고 투자를 하겠다는 제안이 줄을 잇는다. 그런데도 그는 그게 중요한 게 아니라고 도리질 쳤다. 기계를 사들여 실험하고, 농촌진흥청 연구자와 대학교수들을 만나 섬유소 발효 이야기를 하느라 돈과 시간을 쓰고 있었다.

풀 먹이는 돼지

그런데 바로 다음 해에 얼추 완성했다고 연락을 해 왔다. 이제 오메가3와 오메가6의 균형을 맞춘 돼지고기 생산에 성공했다는 것이다. 돼지에게 섬유질이 많은 풀을 먹일 때에 생기는 문제점을 극복했다는 뜻이다.

그의 돌진은 멈추었을까? 글쎄, 모르긴 몰라도 그렇지는 않았을 것 같다. 돼지에게 풀을 먹여 유기농으로 키우려면, 유기농으로 키운 풀 사료가 그만큼 많아야 하는 게 아니겠는가. 이는 결국 콩, 보리, 벼 등의 식물을 유기농으로 재배하는 것이 뒷받침되어야 한다. 축산 농가 혼자 노력한다고 해결되는 문제가 아닌 것이다. 아니나 다를까. 인터넷을 뒤져 보니 2015년 충남 예산군 덕산농협의 조합장으로 선출된 그는 무농약 쌀농사에 관심을 기울이고 있다고 한다. 곡물 농사의 부산물을 유기농 축산으로, 다시 가축의 배설물을 무농약 쌀의 비료로 순환시키는 생태주의적 선순환의 길로 오지랖을 넓힌 셈이다.

인터넷에서 '유기농 돼지고기'로 검색하면 몇 개의 제품이 발견된다. 물론 특별한 친환경 매장에서만 구입할 수 있다. 예컨대 '에잇코너스'라는 유기농 전문 사이트에서 판매하는 '지사유기농돼지고기'가 대표적이다. 나는 '사러가 쇼핑'을 이용한다. 오프라인 매장으로는 서울 불광동 집 가까운 연희점을 이용하는데, 대개는 인터넷 사이트를 통해 구입한다.

가격은 꽤 비싸다. 2018년 7월 현재 '이연원 유기농 돼지고기' 삼겹살이 400그램에 1만 1520원이니 손이 선뜻 가지 않는다. 그래서 내가 주로 선택하는 것은 삼겹살의 절반 가격인 앞다리살이다. 구이용으로 맛이 좀 떨어지기는 하지만 일반 돼지고기의 식감을 생각하면 아주 훌륭하다. 이쯤 되면 일반 돼지고기의 삼겹살을 먹느니 유기농 돼지고기의 앞다리살을 선택하는 게 훨씬 낫다 싶다.

주의할 점. 오메가3를 내세운 돼지고기들이 더 있어 주의 깊게 보아야 한다. 유기농 돼지고기가 아니고 그냥 사료에 오메가3를 넣어 먹인 경우가 있기 때문이다. 꼼꼼히 살펴보는 것만이 살 길이다.

꿀

자연이 모아다 준
깊은 향취, 완숙 꿀

가짜 꿀? 사양 꿀?

가수 조영남의 자서전에는 어머니 부업이 가짜 꿀 제조였다는 이야기가 나온다. 조청과 기타 재료를 넣고 계속 저으며 끓여야 하는데, 어머니는 하루 종일 거룩하게스리 찬송가를 부르면서 솥을 저어 가짜 꿀을 만들었단다. 오, 마이 갓! 이러니 '꿀은 부자지간에도 믿지 못하는 법'이란 말이 나온 게 아니겠는가. 하지만 요즘은 가짜 꿀이 그리 많지 않다. 물론 지금도 물엿과 캐러멜, 향료 등을 섞은 가짜 꿀이 있고 제품명에 '벌꿀 차(茶)'라고 써 놓아 소비자를 헷갈리게 하는 제품도 있다.(이런 것은 약간의 꿀을 설탕이나 기타 재료에 섞어 놓은 제품들이다.) 하지만 예전처럼 가짜 꿀이 많지는 않다. 양봉업이 늘어 워낙 저가의 꿀이 많이 생산되기 때문이다.

대형마트에서 '1+1'으로 파는 꿀은 정말 싸다. 가짜가 아닌 꿀도 이렇게 싸게 팔 수 있는 것일까 하는 궁금증은 아마 누구나 가져봤을 것이다. 그러니 좋은 꿀을 취재하러 가는 마음은 꽤 긴장될 수밖에 없었다. 다행히 강원도 산골에 살면서 양봉을 조금 했던 시누이 덕분에 '들은풍월'이 있다는 게 다행이라면 다행이었다. 들은풍월을 조금 읊어 보면 이러하다.

우선 가짜 꿀에 대한 사람들의 혼란을 조금 분명하게 할 필요가 있다. 가짜 꿀이라고 분명하게 말할 수 있는 것은 벌의 입을 통해 나온 것이 아닌, 다른 것이 들어간 것이다. 즉 물엿, 설탕 시럽, 색소, 향료 등을 섞으면 그건 확실한 가짜 꿀이다.

그런데 헷갈리게 하는 건 흔히 '설탕 꿀'이라고 하는 '사양(飼養) 꿀'이다. '설탕 꿀'이라고 해서 꿀에 직접 설탕을 섞은 것이라고 생각하면 큰 오해이다. 사양이란 꽃이 없는 계절에 벌을 죽이지 않기 위해 설탕물을 먹여 키우는 것을 의미한다. 그러니 사양 꿀은 벌이 설탕물을 먹고 만든 꿀이다. 꽃꿀을 먹어야 하는데, 그게 없으니 대신 설탕물을 먹인 것이다.

그렇다고 해서 이 꿀을 가짜라고 할 수는 없다. 꿀을 딴 후에 설탕을 섞은 것이 아니기 때문이다. 어쨌든 설탕이 벌 입으로 들어갔다가 나온 것이니까. 벌이 먹은 것(이것을 '밀원(蜜源)'이라 한다.)이 꽃꿀이 아니라 설탕물이란 게 다를 뿐이다. 이 사양 꿀은 탄소 동위 원소 분석을 하면 꽃에서 꿀을 따와 만든 꿀과는 차이가 난다. 꿀 광고에서 흔히 탄소 동위 원소 분석을 통해 100퍼센트 진짜 꿀만 담았다고 선전하는 것도 그 때문이다. 탄소 동위 원소 분석으로 품질 관리를 했다는 꿀은 가짜 꿀이 아님은 물론이거니와 사양 꿀도 아니라는 것이다.

그러니 이 사양 꿀이 진짜 꿀 중에서는 가장 값싼 꿀이다. 벌에게 설탕물을 먹이는 행위를 부도덕하다고 생각하는 사람들도 많다. 하지만 양봉업자의 입장에서 보면 설탕물을 먹여 키우는 것은 어느 정도는 불가피하다. 꽃이 없는 계절이 있기 때문이다. 꽃이 없는 시기에 벌을 굶겨 죽일 수는 없지 않은가. 설탕물을 먹여 연명하게 해 줘야 하는 것이다. 그러니 문제는 설탕물을 먹여 사양을 하는 게 아니라, 그런 꿀을 사양 꿀이라고 밝히지 않고 파는 행위이다. 혹은 설탕물 사양의 시기와 꽃꿀 따오는 시기의 어중간한 과도기의 산물을 제대로 구별하지 않고 뒤섞어 버리는 행위 등이다.

그럼 이런 품질 낮은 꿀도 계속 생산되는데 이걸 어쩌란 말인가. 아예 '사양 꿀'임을 밝히고 싸게 팔면 된다. 최근에는 이런 상품도 꽤 있다. 사양 꿀을 팔려면 이것이 정직한 방법이다. 좀 지나치게 싸다 싶은 꿀은 라벨을 자세히 보라. 한구석에 '사양'이라고 작은 글씨로 써 있는 경우가 많다. 이런 품질 낮은 꿀을 어디에다 쓰겠냐고 반문할 수도 있다. 하지만 설탕이나 화학적 처리를 한 이온 물엿(갈색의 조청이 아닌 맑은 색의 물엿) 대용으로, 조림이나 볶음 등 가열하는 요리에 다양하게 쓰기에는 그리 나쁘지 않다. 단 라벨에 달랑 '사양'이라고만 써 놓아 소비자가 이를 정확하게 알지 못하게 하는 게 문제일 수 있다. 좀 더 친절한 설명을 해 놓는 것이 바른 길이긴 하나 아직 그런 꿀은 없다. 그러니 소비자가 똑똑해져야 한다. 결국 업자들은 소비자의 수준을 따라가게 되어 있다.

흔히 하게 되는 오해 한 가지를 짚고 넘어가야 하겠다. 겨울에 꿀이 굳으면 설탕 먹인 꿀이라 생각하는 사람이 있다. 천만의 말씀이다. 굳는 성분은 설탕이 아니라 포도당이다. 꿀은 포도당과 과당으로 이루어져 있는데, 포도당은 과당에 비해 잘 굳는다. 그러므로 굳는 현상은 사양 꿀 여부와는 아무 관계가 없다. 질 좋은 꿀 중에도 굳는 꿀이 많다.

여기까지 아는 것이 초보 레벨이다.

벌이 꽃에서 꿀을 물어다가 놓은 것은 모두 같은 질의 꿀일까? 벌집에 들어온 지 삼사 일 된 꿀과 벌집에서 두어 달 묵은 꿀을 정말 같은 질의 꿀이라 할 수 있을까?

꽃꿀이 들어온 지 얼마나 된 꿀인가?

그러면 탄소 동위 원소 분석을 통해 가짜 꿀도 사양 꿀도 아니라고 판명되면 다 끝난 것인가? 아니다. 사실 이 다음부터가 정말 복잡하다. 그 질과 종류가 워낙 다양하고 천차만별이기 때문이다.

우선 꿀은 밀원(蜜源)에 따라 아카시아꿀, 잡화꿀, 밤꿀 등으로 구분한다. 밀원이 다르면 꿀의 맛과 향이 다르다. 아카시아꿀에서는 아카시아 향기가 나고, 밤꿀에서는 누릿한 밤꽃 냄새가 난다. 잡화꿀은 여러 종류의 꽃에서 꿀을 따와 만든 것이어서 특정한 한두 꽃 향기가 강하지 않은 꿀이다. 그 때문에 잡화꿀을 아카시아꿀이나 밤꿀 등에 비해 질이 낮은 꿀이라 생각하는 경우가 있는데 천만에 말씀이다. 오히려 질이 높은 꿀 중에 잡화꿀이 많다.

또한 벌의 종류에 따라서는 서양 벌[洋蜂]과 토종벌[韓蜂]로 구분하는데, 일 년 수확량이 많지 않은 토종벌의 꿀이 비싸다. 서양 벌과 달리 토종벌은 아카시아꽃이나 밤꽃 같은 특정한 꽃에 집중하지 않고 다양한 야생화에서 꿀을 채취한다. 생산량이 많은 서양 벌을 키울 때에는 여기저기 꽃 피는 곳을 옮겨 다니며 양봉을 하며 한 종류의 꽃으로만 벌집을 가득 채우는 것이 가능하다. 그러나 토종벌을 키울 때에는 한 곳에 벌통을 놓고 긴 기간에 걸쳐 꿀을 따오므로 여러 계절에 걸쳐 여러 종류의 꽃꿀이 뒤섞인다. 즉 '아카시아꿀', '밤 꿀' 식으로 밀원에 따른 구분이 가능하지 않다. 그래서 토종 꿀은 모두 잡화꿀이다. 앞서 잡화꿀이 질 낮은 꿀을 의미하지 않는다고 말한 것은 이 때문이다. 오랜 기간 꿀을 물어다 놓은 것은 모두 잡화꿀일 수밖에 없기 때문이다. 그래서 좀 질 낮아 보이는 '잡화꿀'이란 말 대신 '야생화꿀'이라고 칭하는 사람들도 있다. 이외에 특별히 목청, 석청이라 불리는 고가의 꿀이 있는데 이것들은 그냥 토종벌이 아니라 야생벌의 꿀이다. 산 속에서 야생벌을 미행하여 고목나무나 바위에 지어 놓은 야생의 벌집에서 채취한다. 이런 목청과 석청은 어마어마하게 비싸다. 삼으로 비유하면 재배하는 인삼이 아닌 산삼에 해당하는 것이라 할 수 있다.

여기까지는 그럭저럭 이해하기가 쉽다. 꽃 종류, 벌 종류로 구분하는 것이니 비교적 명쾌하다. 그런데 같은 벌로 꿀을 생산해도 꿀의 질이 달라질 수 있다는 것을 아는 사람은 드물다.

생각해 보자. 벌이 꽃에서 꿀을 물어다가 놓아 만든 것은 모두 같은 질의 꿀일까? 벌집에 들어온 지 3, 4일 된 꿀과 벌집에서 두어 달 묵은 꿀을, 정말 같은 질의 꿀이라 할 수 있을까?

꽃 안에 있는 꿀은 '화밀(花蜜, nectar)'이고, 그것을 재료로 벌이 만든 꿀은 '봉밀(蜂蜜, honey)'이다. 보통 양봉업자들은 벌이 꽃꿀(화밀)을 물어다가 벌집을 다 채우면 꿀을 따라 낸다. 벌집이 약 70, 80퍼센트쯤 채워지면 벌이 더 이상 꿀을 가져오지 않기 때문이다. 이때 사람이 꿀을 따라 내어 벌집을 비워 놓으면, 벌은 또 꿀을 물어다가 벌집을 채워 놓는다. 벌집을 채워야 거기에서 새끼 벌들이 먹고 자랄 수 있으니 벌들은 부지런히 그 일을 할 수밖에 없다. 벌에게는 안 된 일이지만, 꿀 생산량을 늘리기 위해서는 꽃이 많이 피는 계절에 부지런히 꿀을 따라내야 한다.

그런데 벌이 물어다 놓은 지 얼마 안 되는 꿀은 아직 '봉밀'이 되지 못하고 '화밀'의 상태에 머물러 있는 것이 많으며 대체로 농도가 묽다. 말하자면 이것들은 가짜 꿀도 아니고 사양 꿀도 아니지만 제대로 된 좋은 꿀이라고 할 수 없다.

이것을 그대로 벌집에서 몇 달 숙성을 시키면 수분 함량이 줄어들고 맛도 좋아진다. 이제 비로소 제대로 된 벌꿀이 되는 것이다. 그런데 이런 방식으로 꿀을 생산하면 한 해에 생산할 수 있는 꿀의 양이 매우 적다. 지금처럼 싼 가격에 내놓고 팔 수 없는 것이다.

두 달 만에 따는 완숙 꿀

전남 화순에서 한약방을 운영하다 은퇴한 서예가 임형문 옹을 만난 것은 유기농 돼지를 키우는 이연원 가나안농장 대표의 소개였다. 정확하게 말하면 팔순이 넘은 임형문 옹이 아닌 임익재 씨를 소개받은 것이다. 복분자술을 생산하는 업체의 대표인데, 아버지가 생산한 좋은 꿀을 나한테 맛보여 주고 싶다고 했단다.

찾아간 곳은 전남 화순, 임형문 옹의 양봉장이었다. 비가림막 아래 놓인 수백 개의 벌통 주변에 서양 벌들이 붕붕대며 날아다녔고, 팔순이 넘었다고는 믿기지 않을 만큼 혈색 좋고 건강해 보이는 임 옹이 벌이 다닥다닥 붙은 벌통을 직접 보여 주었다. 한약상으로서의 관심과 취미가 결합해 벌을 치다 보니 50년 넘게 해 오게 되었고, 아들 임익재 씨가 이어받아 벌통 규모가 500개 정도로 늘어났단다. 규모로 보면 멀쩡한 양봉업자이지만, 생산량이 그리 많지 않아 주로 가족들이 소비하고 남은 것을 지인들에게 조금씩 파는 정도라고 했다. 꿀의 생산량이 많지 않은 것은 오로지 완전히 숙성된 꿀만 고집하고 있기 때문이다. 아직 공식 시판도 하지 않는 이 꿀을 취재하러 간 이유도 그것이었다. (이 취재를 한 몇 년 뒤에 이들은 '임형문 꿀'이라는 이름으로 판매를 시작했다.)

이들에게 꿀의 질에 대한 설명을 더 들어 보았다. 임 옹은 벌이 꿀로 벌집을 다 채웠는데도 그대로 내버려 둔단다. 벌들은 꿀도 물어오지 않으면서 계속 들락날락거리고 날갯짓을 하는데, 그 날갯짓에 꿀의 수분이 증발해 농도가 진해진다. 그런데 그뿐이 아니다. 벌은 들락날락 벌집에 머리를 처박으며 무언가 열심히 일을 한다. 이 과정에서 수많은 약효 성분이 수집되고 생성된다는 것이다.

벌은 자신이 모은 꿀에 충분히 무언가를 모아 놓았다고 판단되면 스스로 벌집 구멍을 봉해 버린다. 그런데 임 옹은 이후에도 더 기다린다. 벌이 구멍을 봉한 후 45~60일이 지난 후부터 꿀을 채취하기 시작하는 것이다. 이 과정을 '숙성'이라고 부른다.

대개 꽃이 많이 피는 계절은 4월 중순 이후이다. 아카시아 꽃이 피는 때가 5월 중하순, 밤꽃은 6월에야 핀다. 그러니 그

잘라놓은 벌집에서 황금색 꿀이 흘러내린다. 벌들이 온갖 것을 물어다 넣고 하얗게 꼭꼭 봉해 놓은 벌집 속에서, 고스란히 50일 동안 잘 숙성된 완숙 꿀이다. 벌집 윗면에, 벌이 구멍을 봉해 놓은 하얀 피막이 보인다.

때 꿀을 물어다 벌집을 채워 놓으면, 꿀을 수확할 수 있는 시기가 일러야 8월 말이다. 비로소 그해의 첫 꿀을 얻게 되는 것이다. 이 꿀을 '완숙 꿀'이라 부른다.

얼마나 숙성한 것인가

그러면 꽃꿀이 담기자마자 따라낸 묽은 꿀은 이후에 어떻게 가공되는가. 이런 꿀은 수분 함량이 30퍼센트가 넘어 너무 묽다. 그냥은 팔 수 없다. 그래서 수분 함량을 줄이기 위해 열을 가해 농축한다. 이것이야말로 넥타 상태를 파는 것보다 더 큰 문제일 수 있다. 왜냐하면 가열하는 동안 파괴되는 성분이 있을 수 있기 때문이다. 그저 당분만 섭취하려면 뭐하려고 꿀을 먹겠는가. 몸에 좋은 여러 유효 성분이 있다고 믿기에 오랫동안 꿀은 약재로서 거론되어 온 것이 아닌가. 이런 천연 약재들이 무엇 때문에 효과를 발휘하는지는 아직도 채 밝혀지지 않은 것이 많다. 그러니 여전히 옛날 방식으로 섭취하는 게 존중받는 것이다. 그런데 가열이라는 새로운 처리를 하는 것은 재료의 무언가를 크게 변화시킬 수 있다. 문제는 소비자가 이런 사실을 잘 알지 못하고 구매하는 것이다.

사정이 이러하므로 좋은 꿀과 아주 미성숙한 꿀은 채밀 후에 이루어지는 인공적 건조 여부에 달려 있다. 가열을 하지 않은 '생꿀'로 웬만한 정도의 농도가 나오려면 최소한의 숙성을 거쳐야 하기 때문이다. 즉 꿀벌이 스스로 벌집을 봉해 놓고 자연적으로 수분을 말리면서 꿀을 숙성시키는 과정을 거쳐야 하는 것이다.

이렇게 벌이 막아 놓은 벌집에서 뜬 꿀을 양봉업자들은 '봉개 꿀'이라고 한다.(뚜껑을 봉한[封蓋] 꿀이라는 의미일 것이다.) 벌집에서 7~15일가량 숙성하면 꿀의 수분 함량이 18~20퍼센트 정도가 되는데, 이쯤 되면 채밀하여 생꿀 상태로 판매할 수 있다. 사실 이런 봉개 꿀도 구하기가 쉽지 않다. 용기에 담긴 꿀을 그저 육안으로 보기만 해서는 구별할 수 없기 때문이다. 그래서 '팔도다이렉트' 같은 친환경 식품 판매 사이트에서는 양봉장을 몇 번씩 찾아가 확인하며 취재하여 사진과 글을 함께 올려놓기도 했다. 꿀만 전문적으로 판매하는 곳에서는 '프리미엄', '숙성' 등의 말을 붙여 다른 꿀과 차별화한다.

일반적인 양봉의 사정이 이러하니 45~60일 숙성이란 얼마나 긴 기간인가 짐작할 만하다. 1년에 한 번 채밀하는 게 보통이며, 부지런을 떨면 가을에 한 번 더 채밀하여 많아야 1년에 두 번 꿀을 생산할 수 있을 뿐이다. 그러니 얼마나 긴 숙성 기간을 보냈나에 따라 그 질이 달라지고 그에 따라 가격도 다르게 매길 수밖에 없다. 그래서 이렇게 충분히 숙성된 것을 강조하기 위해 일반적인 '봉개', '숙성'이란 말 대신 '발효 숙성', '완숙'이란 표현을 쓰기도 한다.

충분히 숙성된 완숙 꿀은 미숙한 꿀과는 비교할 수 없는 약효를 가지고 있다고 한다. 항생 물질로 알려진 프로폴리스도 꿀과 버무려져 있는 벌집에서 나오는 것인데, 이런 항생 물질이 그저 꽃꿀을 물어다 놓는다고 바로 생기지는 않는다. 시간이 지나면서 약효가 생기는 것이다. 그래서 꿀에서 숙성을 따지는 것이 필요하다.

최근 이러한 완숙 꿀로 비싸게 팔리는 것이 바로 뉴질랜드의 마누카 꿀이다. 강한 항생 작용이 있다고 하는데, 값은 2.4킬로그램짜리 병으로 계산해 보면 50만~100만 원쯤이다. 이렇게 고가인데도 꽤 잘 팔린다.

꿀의 등급화가 필요한 이유

임 대표의 아쉬움은 바로 이 점에 있었다. 마누카 꿀은 항균 효능의 요소를 수치화하는 방식으로 엄격한 품질 관리를 하고 있어 신뢰를 높였다는 것이다.

그런데 우리나라 꿀은 등급이 없이 모두 그냥 '꿀'이다. 미성숙 꿀의 수분 함량을 줄이기 위해 가열하여 농축한 꿀, 벌집에 보름 정도 놓아 두어 약간 숙성시킨 중간 꿀, 두 달 넘게 숙성시킨 완숙 꿀, 이것들을 모두 똑같이 그냥 꿀이라고만 하니, 소비자의 신뢰도 제대로 얻지 못하고 제값도 받지 못한다는 것이다. 제값도 받지 못하고 까딱하면 바가지 씌운다는 소리 듣기 십상인데, 누가 힘들여 질 좋은 고급 꿀을 생산하려 하겠는가.

그의 바람은 학계와 정부 등과 함께 이 다양한 꿀의 질을 판별할 수 있는 기준을 만들고, 꿀을 등급화하는 것이다. 사양 꿀, 미성숙 꿀(농축 꿀을 포함하여), 중간 꿀, 그리고 완숙 꿀, 이것들은 각기 가격도 달라야 하고 쓰임새도 달라야 한다는 것이다. 약효 있고 비싼 완숙 꿀을 불고기 잴 때 쓸 필요 없고, 넥타 수준의 꿀을 수준 높은 건강식품 취급을 하는 것도 우스운 일이란 것이다.

이렇게 꿀을 제대로 등급화할 수 있어야, 수입 개방이 될 때 중국의 값싼 꿀에 대항할 수 있고, 마누카 꿀 같은 세계적인 유명 꿀과도 경쟁할 수 있다는 것이다.

꿀의 맛이 과연 다를까?

그럼 완숙 꿀은 보통 꿀들과 정말 맛이 다를까 궁금했다. 그래서 취재를 하러 갈 때, 꿀을 몇 가지 사가지고 갔다. 맛을 비교해 보고 싶었기 때문이다. 대형 마트에서 구입한 대기업 제품의 꿀, 생협에서 구입한 중소기업 제품의 꿀, 그리고 여러 종류와 질의 꿀을 생산하는 업체에서 판매하는 2.4킬로그램당 5~6만 원 정도의 토종꿀, 이렇게 세 가지를 챙겼다.

세 가지 꿀을 꺼내 놓자, 여태껏 신나게 설명하던 임 대표의 얼굴에 당황하는 빛이 역력했다. 이렇게 준비해 오리라고는 생각지 못했다는 표정이다. 여하튼 임 대표는 구멍이 봉해진 지 50일쯤이 지났다는 벌집을 잘라 맛을 보여 주었다.

달다. 그야 꿀이니 단 것은 당연하지 않은가.

그런데 내가 가지고 간 대기업의 꿀, 생협에서 구매한 꿀, 두 가지 꿀을 먹어 보니 그 차이가 분명하게 느껴졌다. 함께 간 기자가 대기업의 꿀을 떠서 숟가락을 입에 넣자마자 얼굴을 찡그리며 외쳤다. "어, 꿀맛이 왜 이래요?" 이 두 가지는 모두 꿀의 향이 약하고 약간 느끼한 맛까지 돌았다. 한 가지만 먹었다면 이런 차이를 알아채지 못했을 것이다. 꿀은 밥이나 물처럼 늘 먹는 음식이 아니다. 그러니 맛을 민감하게 느끼지 못하고 살았던 것이다. 그런데 미성숙 꿀의 맛을 완숙 꿀과 비교해 보니 이렇게 금방 알 수 있었던 것이다. 임 대표는 이 두 가지 꿀을 먹어 보고는 바로 픽 웃었다. 미성숙한 꿀이라는 것이다.

그럼 내가 집에서 사 먹는 토종꿀의 맛은 어떨까. 지리산의 양봉업자에게 산 토종꿀의 맛은 확실히 대기업 제품이나 생협 판매 상품과는 달리 미성숙한 맛은 나지 않았다. 한입에 바로 복잡한 향취가 느껴지는 꿀임을 분명히 알 수 있었다. 하지만 임 옹의 양봉장 꿀이 서양 벌에서 얻은 꿀이므로, 아예 토종꿀과는 벌의 종류가 달라 일방적인 비교가 힘들었다.

임 대표의 표정을 살폈다. 아까 두 종류의 꿀은 맛보자마자 픽 웃었는데 이번에는 어떨까. 그런데 토종꿀을 먹어 보고는 진중한 표정을 지었다. 최소한 20일 이상 숙성된 맛이라고 평했다.

다시 완숙 꿀을 먹으며 비로소 깊은 맛을 천천히 음미해 보았다. 섬세하게 복잡한 꿀의 향취가 뒤끝까지 깊게 남는다. 벌집을 꿀로 채우고 난 후에 벌이 부지런을 떨며 무언가를 물어다 넣고 입으로 조리해 놓은 것을, 두 달의 시간이 충분히 숙성시켜 놓은 오묘한 향기일 터이다. 역시 맛이 다르다는 표정을 짓는 기자에게 내가 말했다. "이제 큰일이에요. 입만 높아졌으니."

집에 돌아와 남편에게 꿀을 먹어 보았다. 남편은 샘표간장 501과 701을 구별하는 정도의 입맛을 갖고 있는 사람이다. 게다가 20대부터 당뇨병 환자였고 저혈당 증상 때마다 꿀을 자주 먹어 꿀맛에 매우 민감하다. 값싼 꿀을 주면 "뭐 맛이 이래?"라며 꼭 툴툴거린다. 임 옹의 완숙 꿀을 먹어 본 남편 왈 "음, 맛있네. 아카시아꿀이라고는 할 수 없지만, 밀원으로 아카시아가 꽤 들어간 거 같고. 그래서 그런가? 그동안 계속 먹던 토종꿀보다는 맛이 덜 복잡하고 말끔하네. 양봉(洋蜂)인가?"라고 말했다.

때마침 전화를 한 임 대표에게 남편의 말을 그대로 전했다. 기함을 할 정도로 감탄하며 "맞아요. 아카시아 철에 벌이 부지런히 물어다 놓은 비율이 높아요."라며 대단하다는 말을 몇 번씩 반복했다. 맛이 이렇게 다르니 꿀이라고 다 같은 꿀일 리 없지 않은가.

꿀을 살 때에는 늘 고민스럽다. 하지만 앞서 이야기한 정도의 상식만 갖고 있어도 그저 대형 마트에서 아무 꿀이나 막 사지는 않을 것이다. 얄팍하게 속이는 것도 쉽게 가려낼 수 있다. 토종꿀이라고 써 놓고 '아카시아꿀', '밤꿀' 같은 것을 팔고 있다면 정직하지 못한 것임을 바로 알 수 있다. 토종꿀에는 그렇게 밀원의 구분이 가능하지 않기 때문이다. 사실 아카시아꿀이 좋다며 일부러 골라 사는 사람들이 꽤 있는데, 향을 즐길 것이 아니라면 꼭 그럴 필요는 없다. 오히려 아카시아 철에 빨리빨리 여러 번 채밀하여 파는 꿀이라면 미성숙한 꿀일 가능성이 많다.

임형문 옹의 완숙 꿀은 가격이 매우 비싸다. 그러나 완숙임을 강조하는 꿀 중에는 이보다 더 비싼 가격의 것도 있다. 숙성의 정도가 가격을 결정하기 때문이다. 가격만 보고 무조건 폭리를 취한다고 단정하며 분노할 일이 아니다.

이런 꿀의 가격이 부담스럽다면 최소한 인터넷 사이트에서 '숙성꿀', '완숙 꿀', '봉개 꿀' 정도만 검색해도 꽤 많은 정보를 얻을 수 있다. 숙성된 봉개 꿀임을 증명하기 위해서 벌집 윗부분이 하얗게 봉해져 있는 것을 칼로 잘라 꿀을 뜨는 사진을 제시하는 곳도 많다. 이런 것을 확인하고 구입하면, 50일까지는 아니지만 최소한 10일 이상 숙성한 꿀은 살 수 있다. 적어도 벌집에 들어온 지 2, 3일 되는 넥타 상태의 꿀을 사지는 않는 것이다.

또 한 가지 팁은 토종꿀을 눈여겨보는 것이다. 서양 벌로 생산하는 양봉과 달리 토종벌(한봉)로 양봉하는 방식은 벌의 특성상 한 해에 1회 채밀을 할 수 있을 뿐이다. 그래서 토종꿀은 꽃꿀을 물어다놓자마자 꿀을 뜨는 방식으로는 만들어 내지 않는다. 그래서 일반적으로 토종꿀은 서양 벌에서 나온 꿀에 비해 상대적으로 더 숙성된 꿀이 많고 색깔과 농도도 진하다. 그러나 반론도 있다. 토종벌에게도 먹이가 없는 장마철에는 설탕을 먹이기도 하니, 토종꿀이라고 무조건 좋다고 할 수 없다는 것이다. 토종벌 농가에서도 이는 인정한다. 설탕물로 사양을 하면 일 년에 2회 채밀을 하게 된다. 물론 토종벌은 서양 벌처럼 많이 먹지 않고 먹이가 없으며, 숙성의 기간이 길어 그 폐해가 그리 크지 않다는 재반론도 만만찮다.

역시 꿀 고르기는 쉽지 않다. 하지만 이러한 몇 가지 상식을 갖고 접근하면 실패율이 줄어드는 것도 사실이다.

식탁 위
바다의 선물

4

주꾸미

밥알 같은 알에 쫄깃한 육질,
서천 주꾸미

'동백꽃 주꾸미 축제'를 여는 충남 서천 홍원항에 차를 세
우고 내려서자마자 '어, 추워' 소리가 절로 나왔다. 4월이니
봄은 한복판을 향해 달려가고 있었건만 바닷바람은 예상 외
로 차가웠다. "여긴 봄가을이 없슈. 그냥 여름 아니면 겨울이
어요." 우리를 맞아 주러 나온 주꾸미잡이 어민 김진만 씨는
씩 웃으며 말했다. "배 타고 나가면 더 추워요. 내복 껴입어야
해요." 이 말에 화들짝 놀라 다시 차를 읍내로 돌렸다. 속옷

파는 가게에 들어서서 겨울 내복을 찾았다. 고를 물건이 많지 않았다. 봄이어서 두꺼운 겨울 내복은 이제 막 창고로 들어가고 있었기 때문이다. 그 가게에서 가장 두꺼운 겨울 내복을 상하의 갖추어 사고 장갑까지 챙겼다.

바다 취재는 참 힘들다. 가장 힘든 것은 취재 날짜를 잡는 일이었다. 소금을 취재할 때에도 하늘만 바라보며 여름날을 보냈는데, 해산물 취재 계획 때는 대개 그랬다. 글을 쓰는 나와 담당 기자, 사진 기자, 취재 차량 기사까지 네 명이 한꺼번에 움직여야 하니, 우리는 미리 취재 날짜를 확정해야 스케줄을 조율한다. 그런데 '언제 취재 갈까요?'라고 물어보면 날짜 확정이 제대로 되지 않는 경우가 많다. 도대체 언제쯤 배를 띄우는지 미리 알 수가 없다는 것이다. 날짜를 잡았는데, 그날 비가 올지, 바람이 불지, 파도가 높을지, 한두 주일 전에는 미리 알 수 없다는 것이다. 어민들 대답은 늘 "용왕님만 알아요."였다.

주꾸미 취재도 그랬다. 겨우 날짜를 잡아 서천으로 가긴 갔는데, 시간을 확정짓기 힘들었다. 주꾸미 배는 자정을 넘겨 새벽에 출항한다. 야행성인 주꾸미들은 밤이 되어야 활발하게 움직이며 그물로 들어온다. 저녁을 먹고 시계를 보니 9시다. 그런데 다음 날 새벽에 배 뜨는 시각을 알 수 없단다. 어민들은 잠을 자지 않고 밤새워 바다의 상태를 지켜보다가 이

때다 싶으면 새벽 1시에 나가기도 하고 3시에 나가기도 한단다. 김진만 씨는 "4시쯤 나간다 예상하고 그냥 주무세요. 혹시 그 전에 나가게 되면 전화 걸어 깨워드릴게요."라 말했다.

미식가들이 환상적이라고 입을 모으는 맛있는 봄 주꾸미는 이렇게 밤을 낮 삼아 일하는 어민들 덕분에 우리 입에 들어오는 것이었다.

베트남산? 중국산? 국내산?

낙지의 제철이 가을이라면, 주꾸미의 제철은 봄이다. 그것도 3월 중순부터 4월 하순까지가 절정기이다. 주꾸미들은 봄에 알을 낳는다. 조개류는 산란기에 독성을 품는 경우가 많지만, 생선들은 대개 산란기에 몸이 실해져서 가장 좋은 상태가 된다. 알배기 꽃게, 알배기 조기 등을 일부러 찾는 것은 그 때문이다. 그러니 4, 5월이 질 좋은 알배기 주꾸미를 먹어 볼 수 있는 계절인 것이다.

주꾸미 철이 되면 미식가들은 "봄에 밥알 한 숟갈 먹어 줘야 하는데……" 하는 말을 입에 달고 다닌다. 오징어, 낙지, 꼴뚜기, 문어 등을 두족류(頭足類)라 부른다. 머리에 다리가 붙어 있다고 해서 붙은 이름이다. 오징어를 예로 들어 보자. 우리가 흔히 머리라고 부르는 꼭대기의 삼각형 모양 살은 머리가 아니라 지느러미이다. 머리는 몸통과 다리 사이에 있다.

싱싱한 제철 주꾸미에 무슨 양념이 필요하랴. 그저 살짝 데쳐 낸 주꾸미는 아작거린다 싶을 정도로 식감이 좋으며 달착지근한 맛이 혀에 착 감긴다.

눈도 입도 거기에 붙어 있다. 이 두족류 중에서 몸통 가득 들어 있는 알 맛을 즐길 수 있는 종류는 주꾸미밖에 없다. 오징어 알도 먹긴 하지만 주꾸미와 비교할 바가 아니다. 살짝 데치거나 샤브샤브 국물에 익힌 주꾸미의 동그란 몸통 속에는 정말 찹쌀밥처럼 보이는 알이 한 숟가락 들어 있다. 그 포근한 맛이란!

하지만 이런 '밥알 한 숟갈' 주꾸미를 제대로 맛보기는 그리 쉽지 않다. 대도시의 음식점에서 파는 주꾸미는 대개 중국산이나 베트남산이다. 특히 달고 맵게 양념하여 볶거나 굽는 주꾸미 요리는 거의 수입산 냉동 주꾸미를 쓴다. 어차피 강한 양념 맛으로 먹는 것이니, 구태여 비싼 국산 생물 주꾸미를 쓸 이유가 없다. 주꾸미 자체의 맛을 즐기는 맑은 찌개나 데침 요리에서는 맛의 차이가 워낙 크기 때문에 국산 생물이냐 아니냐를 따지게 된다.

국산 활어 주꾸미의 값은 베트남산 냉동 주꾸미 값의 서너 배이다. 국산 주꾸미는 냉동을 해도 비싸다. 베트남산에 비해 두 배가 넘는다. 그나마 근년 들어 어획량이 크게 줄어 질 좋은 제철 주꾸미는 산지에서 다 동이 나고 대도시까지 올라올 게 없단다. 그러니 사람들은 이 좋은 봄날 나들이 삼아 서해안 포구로 몰려드는 것이다.

물론 수입산이라고 해도 질은 천차만별이다. 중국산이라 할지라도 서해 바다에서 잡아 산 채로 수입되는 활어 주꾸미는 수입산 중 최고이다. 값도 꽤 비싸고 맛도 국산과 흡사하다. 역시 주꾸미 철에 맛있는 알도 맛볼 수 있다. 중국과 한국 사이의 바다에서 잡힌 것이니 그럴 수밖에 없다. 그에 비해 중국의 남쪽 바다나 베트남에서 잡힌 주꾸미의 값은 싸고 맛도 크게 차이가 난다.

그러니 소비자들은 산지에 민감할 수밖에 없고, 조금이라도 믿을 만한 물건을 찾아 생산지로 모여드는 것이다. 서천의 홍원항은 아예 외국산은 물론이고 타지의 주꾸미도 반입하지 않는다고 한다. 그러나 날이면 날마다 주꾸미가 잘 잡히는 것이 아니니 항구에 전혀 물량이 들어오지 않는 날도 있다. 그런 날은 온 동네가 장사를 못하고 상인들은 타지의 주꾸미라도 들어오고 싶은 마음이 굴뚝같다. 이런 상황에서 타지에서 잡힌 주꾸미까지 완전히 배제하는 결정은 쉬운 일은 아니었다. 그래도 그게 신뢰를 지키는 길이니 기꺼이 감수하기로 했단다.

엄청난 뱃멀미, 장엄한 일출

새벽 4시 반, 김진만 씨의 7.9톤 어선이 출항했다. 주꾸미는 조수 간만의 차가 큰 사리(그믐과 보름)에, 특히 파도가 높은 직후에 많이 잡힌다. 그렇지 않은 날은 배 끌고 나가봤자 그물에서 다섯 마리 건지기도 힘들단다.

주꾸미 잡는 법은 크게 두 가지로 나뉜다. 하나는 그물로 잡아 올리는 것이고, 다른 하나는 소라 껍데기를 바다에 넣어 그 안에 산란하러 들어온 주꾸미를 잡는 것이다. 소라 껍데기를 이용하면 갈고리로 주꾸미를 꺼내야 하기 때문에 육질에 상처를 입히지만, 산란하러 들어온 것들이기 때문에 백 퍼센트 암컷만 잡을 수 있다. 그 대신 그물로 잡으면 암수를 섞어 잡게 되고 주꾸미가 깨끗하게 잡힌다. 김진만 씨는 그물로 잡는 방식을 쓴다.

말이 새벽이지 오전 4시의 항구는 완전히 암흑이다. 있는 옷을 다 껴입었는데도 엄청나게 추웠다. 드디어 배가 홍원 항에서 출발했다. 배는 꽤 심하게 흔들렸다. 뱃멀미를 예상은 했지만 적응이 쉽지 않았다. 이럴 때를 대비해 주머니에 넣어 온 사탕을 입에 넣었지만 여전히 어지러웠다. 그렇게 춥고 어지러운 배에서 한 시간을 넘게 버텼다. 함께 탄 기자는 뱃멀미로 벌써 고꾸라졌다. 겨우 배가 멈춰 섰다. 하지만 배는 여전히 파도에 심하게 흔들려 무언가를 잡지 않고 서 있는 것은 불가능한 정도이다.

항구에서 한 시간 넘게 떨어진 곳에 김진만 씨의 어장이 있다. 김씨는 열세 곳에 그물을 쳐 놓았다. 말 그대로 그의 '밭'이다. 어장을 관리하는 일은 아주 까다롭고 신경 쓰이는 일이란다. 누구나 좋은 목에 그물을 치고 싶어 하기 때문이다. 바다에 나가면 그 열세 곳의 어장을 모두 돌아보고, 그중 몇 개의 그물에서 주꾸미를 건져 올리게 된다.

몇 개의 어장을 돌다 보니 어느새 동쪽 하늘이 벌겋게 물들었다. 해가 떠오르는 광경은 언제 보아도 감동스럽다. 그러나 일출을 즐길 여유가 없다. 배는 계속 출렁거리고 파도가 넘실거려 뱃전으로 바닷물이 넘어온다. 가뜩이나 추운데 정신이 하나도 없는 상태이다. 그런데 선장 김씨는 여유롭게 뒷짐을 지고 중심을 잡으며 서 있다. 정말 존경스러워 보였다.

금방 잡혀 올라온 주꾸미들이 온 힘을 다해 버르적거리고 있다. 둥근 몸통 표면의 오돌토돌한 돌기까지 선명할 정도로 싱싱하다. 활어 주꾸미라 할지라도 유통기간이 길어진 중국산에서는 이런 싱싱한 모습을 보기는 힘들다.

김씨의 지휘에 따라 두 명의 선원이 밧줄을 당겨 그물을 당겼다. 무언가 묵직하게 걸려 올라왔다. 그물이 쏟아 놓은 것 중 가장 먼저 눈에 들어오는 것은 놀랍도록 많은 양의 해양 쓰레기이다. 비닐봉지, 그물과 밧줄 찌꺼기가 주꾸미 등 생선들과 뒤엉켜 있다. 그 쓰레기는 좀 충격적이었다. 텔레비전에서도 보지 못한 광경이었기 때문이다. 해양 쓰레기 문제의 심각성을 듣긴 했지만 이 정도일 줄은 예상하지 못했다.

특히 암컷 주꾸미는 산란을 하기 위해 비닐을 뒤집어쓰고 찰싹 달라붙어 있었다. 선장과 두 명의 선원이 빠른 손놀림으로 그것들을 분류했다. 주꾸미, 꽃게, 도다리, 박대, 곰치, 가재 등을 종류별로 나누어 담았다. 주꾸미는 씨알이 굵어 길이가 20센티 넘는 것들도 많았고, 아직 철이 조금 이른 꽃게는 자잘했다. 팔릴 만한 것들만 챙기고 너무 작은 꽃게들은 바다에 도로 넣었다. 물론 해양 쓰레기들도 다시 바다로 던져 넣었다. 그리고 빠르게 다음 어장으로 이동했다. 배에서 던지는 자잘한 생선들을 주워 먹으려고 갈매기들이 떼를 지어 계속 배를 쫓아오고 있었다.

국산 주꾸미 감별법?

바다에서 막 올라온 주꾸미들은 정말 싱싱했다. 검은 회색빛의 놈들이 갑판 위를 열렬히 기어 다녔다. 덩치가 큰 문어는 뭉글뭉글 기어 다니는 모습이 좀 징그러운데, 그래도 주꾸미는 작아서 귀엽다는 느낌이 들 정도이다.

소비자의 입장에서 가장 궁금한 점은 역시 중국산 주꾸미와 국산 주꾸미의 구별이었다. 그런데 의외로 김씨의 대답은 싱거웠다. "그거 잘 구별 안 돼요."

흔히 국산 주꾸미 감별법으로 알려진 것들이 있다. 다리에 금빛의 고리 모양이 선명하면 국산이라고들 한다. 그러나 그건 산지와 무관하게 싱싱한 주꾸미에는 다 있단다. 또 중국산은 누르스름하고 국산은 진한 회색빛이라는 말도 있고, 중국산은 몸통(흔히 머리라고 부르는)이 울퉁불퉁하고 국산은 매끈하다고 하기도 한다. 하지만 꼭 그렇지만도 않다는 것이 그의 설명이었다. 앞서도 이야기했듯이 서해에서 잡은 중국산 주꾸미는 국산이나 중국산이나 거의 비슷하다는 것이다. 단 국산에 비해 중국산은 유통에 많은 시간이 소요되었으므로, 그저 신선도의 차이가 있는 정도라는 것이다.

이렇게 김씨가 1년에 잡는 주꾸미의 양은 많아야 2, 3톤이다. 4월 하순이 되면 벌써 주꾸미는 점점 줄어들고 꽃게가 늘어난다. 그때부터 이 배는 꽃게잡이 배로 바뀌게 된다. 그러니 주꾸미 철은 꼭 동백꽃 철이다. 서천에서 해마다 '동백꽃 주꾸미 축제'를 하는 것은 그 때문이다. 홍원 항 부근의 동백나무 숲은 주꾸미 철에 빨갛게 피어오른다.

일을 마친 배는 항구로 향했다. 돌아오는 길은 좀 가까운 듯도 했다. 흥미롭게도 뱃멀미로 갑판 한 번도 나와 보지 못한 채 누워 있던 기자가 항구 근처에 오자 깨어났다. 항구 가까이에서는 배가 비교적 직진을 하므로 덜 흔들리기 때문이란다. 기자는 허망하다는 듯 말했다. "아, 난 도대체 왜 따라온 거지?"

언제까지 이 맛있는 것을 먹을 수 있을 것인가

새벽에 잡은 해물들은 배가 귀항하자마자 수협에서 무게를 달아 일괄 수매한다. 아침부터 수족관 트럭을 대놓고 배 들어오기만 기다리던 도매상과 음식점 주인들은 물건 오기가 무섭게 주꾸미를 사 갔다. 도매상들이 한 차례 쓸고 지나가자, 이제는 관광버스 한 대가 들어온다. 울긋불긋 옷을 입은 연세 지긋한 아주머니들이 버스에서 내려 쇼핑을 시작했다.

나도 공판장에서 주꾸미를 샀다. 스티로폼 상자에 얼음 채워 온 주꾸미는 집에 와서도 한참이나 살아 꿈틀거렸다.

멸치, 조개, 무 등을 약간 썰어 넣고 국물을 준비하는 동안 주꾸미를 씻었다. 밀가루를 이용해도 되지만, 나는 그냥 손으로 여러 번 훑으며 씻는다. 거죽의 미끈거리는 것들과 빨판 속 개흙까지 깨끗이 씻으며 나는 약간 망실였다. 몸통을 뒤집어서 내장과 먹물을 제거할까 말까? 당일 잡은 것이니 신선도로 보면 내장과 먹물까지 다 먹어도 되지만, 중금속 성분이 주로 내장에 모인다는 생각에 약간 망설여지기도 한다. 하지만 이렇게 싱싱한 주꾸미야 일 년에 딱 한 번이다 싶어 이번에는 눈 딱 감고 먹기로 했다.

마늘과 조선간장을 넣어 국물을 완성한 후 냉이, 미나리, 버섯, 파 등의 채소를 준비하여 주꾸미와 함께 상에 올렸다. 팔팔 끓는 국물에 살짝 넣었다 꺼낸 주꾸미 맛은 기가 막혔다. 아작거린다는 느낌이 들 정도로 신선하게 쫄깃했고 아무 양념을 하지 않아도 혀에 착 감겼다. 조금 더 익힌 몸통은 가위로 잘라, 알과 내장까지 함께 먹는다. 다리의 아작한 식감과는 또 다른 고소한 맛이 일품이다.

그러나 언제까지 이렇게 먹을 수 있을까. 연안의 어획량은 줄어 가고 바다는 오염되고 해양 쓰레기는 늘어 간다는 생각에 우울해지면서도, 그래도 초봄 저녁 주꾸미 한 접시에 마냥 행복하다.

앞에서도 이야기했듯이 시장에서 순수 국내산이냐 아니냐를 구별하는 것은 쉽지 않다. 냉동 수입된 것이야 당연히 쉽게 구별되지만, 생물 주꾸미만 놓고 보면 그렇다는 말이다. 그러니 중요한 것은 신선도이다. 금빛 동그라미를 비롯해서 반짝거리는 싱싱한

것들은 서해 바다의 중국 영역에서 잡은 것이든 우리나라 영역에서 잡은 것이든 다 맛있다는 것이 전문가 설명이다. 그러니 해물이야말로 재래시장의 단골 가게에서 구입하는 게 가장 좋다. 적어도 동네의 단골손님에게 계속 사기를 치며 장사하기는 쉽지 않기 때문이다.

멸치

저 파닥거리는 바다의 생명,
멸치

생선 멸치, 참 낯설다

멸치가 나에게 생선으로 인식되기까지는 꽤 긴 시간이 걸렸다. 결혼을 하고 시댁의 음식문화를 접한 후이니 족히 서른은 되어서다. 결혼 전 나에게 멸치는 그저 국물내기 재료 중의 하나에 불과했다. 그것도 그다지 매력 있는 재료도 아니었다. 국물이라 함은 모름지기 고기에서 우린 것이 최고 아니겠는가. 쇠고기가 으뜸이고 닭고기 정도는 되어야 제대로 된 국물을 낼 수 있다고 생각했다. 된장국과 된장찌개에도 쇠고기를 넣어 국물에 기름기가 도는 것을 좋아했고, 칼국수도 닭고기 국물을 내어 진한 감칠맛을 낸 것이 제대로 끓인 칼국수라 생각했다. 멸치로 낸 국물? 그건 어쩌다 가볍게 해먹는 소면의 국물 정도로밖에 기억나지 않는다.

이런 식습관은 확실히 특히 서울·경기 지방 중산층의 입맛이다. 아버지의 고향은 경기도 개풍군이고, 1930년대 중반부터 할머니와 할아버지, 아버지 형제가 모두 서울에서 살았다. 엄마의 고향은 전북이고, 외할머니 고향은 전주이다. 엄마는 결혼 후 기센 시어머니 밑에서 시집살이를 하며 살았으니, 전라도식 취향을 억제하며 서울·경기 지방의 입맛을 받아들였다. 그러니 멸치가 그리 중요한 식재료이기는 힘들었다.

시댁은 전혀 달랐다. 시부모 두 분이 모두 울산 출신이고 남편은 부산에서 태어나 초등학교 때 서울로 온 가족이 이사했다. 그러니 완전히 경상도 바닷가 사람의 입맛이다. 시댁에서 '고기'라 함은 '물고기' 즉 해물을 의미하고, 발 달린 짐승의 고기는 '육고기'라 했다. 그만큼 동물성 단백질의 섭취는 주로 해물에 의존하는 입맛을 지녔다.

남편에게 맛있는 국물의 기본은 멸치였다. 심지어 비교적 값이 비싼 고운 빛깔의 중대 사이즈의 멸치뿐 아니라, 흔히 '업소용'이라 파는 굵고 값싼 멸치도 좋아한다. 물론 죽방멸치처럼 아주 고급스러운 멸치를 못 알아보는 것은 아니다. 내

다른 책에서도 이야기한 바대로 남편은 절대 미각의 소유자이다. 샘표 양조간장 501과 701을 구별하는 입맛을 지녔으니 오죽하겠나. 선물로 받은 죽방멸치로 국물을 내어 미역국을 끓인 날, 남편은 환호성을 질렀다. "이거 뭐야? 멸치 비린내가 전혀 안 나네!"

그러니 업소용의 값싼 굵은 멸치로 끓인 국을 좋아한다는 것은 그만큼 멸치 맛을 엄청나게 좋아한다는 의미이다. 쇠고기 미역국보다 멸치 국물을 내어 참기름으로 달달 볶은 미역국을 더 좋아하는 정도이다. 된장국에는 쇠고기를 쓸 엄두도 못 낸다. 오로지 멸치다.

그뿐만이 아니다. 남편과 시댁 식구에게 젓갈의 기본은 멸치젓이다. 그것도 처음에는 참 낯설었다. 친정집에서는 당연히 새우젓이 기본이었으니까. 김치 담글 때는 말할 것도 없고, 애호박이나 무청을 볶을 때, 여름의 애호박 찌개를 할 때에도 기본 간은 새우젓을 썼다. 그런데 시댁의 김치는 멸치젓, 그것도 맑은 액젓이 아니라 건더기까지 있는 거무튀튀한 육젓을 넣어 담근다.

건더기 있는 멸치젓은 시댁 식구들이 가장 즐기는 반찬 중의 하나이기도 하다. 한여름에 호박잎 찐 것, 한겨울에 물미역과 다시마 데친 것을 쌈 싸먹을 때에는 반드시 멸치젓을 먹는다. 심지어 시어머니는 상추쌈에까지 멸치젓이 더 맛있단다. 내가 결혼 직후 시댁에서 밥을 먹을 때에 멸치젓을 맛있게 먹는 것을 보고 반색을 하며 기뻐하셨던 시어머니 얼굴이 잊히지 않는다. "아이고, 이걸 그래 잘 먹네!" 하셨는데, 아마 속으로는 "멸치젓 비리다고 생전 밥상에 안 올려놓는 짓은 하지 않겠으니, 귀한 아들 굶길 염려는 없겠다. 천만다행이다!" 하셨을 거다.

입맛이 이러하니 시댁에서는 해마다 5월이 되면 멸치젓을 담갔다. 새댁 시절엔 젓갈 담그기는 엄두도 내지 못했던 나도 30대에 이천 시골로 이사를 간 후에는 멸치젓 담그기를 시도했다. 간장 담그기가 그러하듯, 멸치젓도 그리 어려운 일이 아니었다. 멸치에 소금만 넣어 바깥에 두고 벌레와 곰팡이 같은 것만 잘 막으면, 그냥 계절과 미생물이 잘 알아서 만들어 주었다. 소금의 양은 기존 멸치젓을 먹어 보면서 짐작으로 맞추었다. 큰 수산 시장에서 멸치를 사면 아예 소금을 섞어 주는 곳도 있었는데, 나는 그것보다는 좀 싱겁게 담그는 게 입맛에 맞았다. 대신 자주 들여다보며 관리하는 정성이 필요하다. 너무 싱거워져 고리타분한 냄새가 나기 시작하면 소금을 좀 더 넣어 간을 맞추었다.

마른 멸치만 보던 내 눈에는 싱싱한 생선 상태의 멸치란 참으로 신기해 보였다. 정어리를 축소해 놓은 듯한 등 푸른 생선인데, 워낙 살이 연하여 만지기가 힘들 정도로 흐무러지는 이런 생선을 처음 보았으니까. 기름기는 또 어찌나 많은지, 멸치젓을 담그고 나면 설거지가 장난이 아니다. 수산 시장에서는 건물생심으로 사 오지만, 일을 다 끝내고는 꼭 이렇게 중얼거린다. "내가 미쳤지. 다신 이 짓을 하나 봐라." 하지만 다음 해 그맘때가 되면 또 사들고 들어온다.

오방색 만선기 펄럭이는 기장 멸치 축제

그래서인지 멸치 축제를 보러 기장에 가는 길은 조금 설렜다. 4월 하순에 열리는 기장 멸치 축제 첫날 분위기는 낮부터 달아올랐다. 부산 기장군 대변항(大邊港) 가에는 수백 개의 판매 부스 천막이 늘어섰고, 휴일도 아닌데 바글거리는 손님을 맞느라 정신이 없었다. 무대에서는 공연단이 음향 리허설을 하느라 빵빵거리는데, 공터에 진을 친 각설이패들의 트로트 가락이 뒤섞였다. 부산 국제 영화제가 열리는 세련된 부산이건만, 이런 모습은 소박한 지역 축제의 전형적인 풍경이다.

주 무대 옆에 줄지어 세워진 깃대들의 위풍당당한 포스가 만만찮다. 긴 장대에 태극기, 배 이름이 쓰인 선기(船旗), 오방(五方)색이 어우러진 만선기(滿船旗)를 차례대로 달아 놓은 것이다. 고기를 잡아 만선이 되어 돌아올 때면 배에 만선기를 펄럭이면서 바다 저편에서 위풍당당하게 들어온다. 배의 동력은 풍력에서 엔진으로 바뀌었지만, 어느 지역에서나 아직도 만선기는 오방색을 쓴다. 기를 매단 장대는 이파리까지 달린 긴 대나무이고 오방색 만선기까지 걸렸으니 영락없는 굿판의 신(神)대, 즉 하늘에서 신기(神氣)를 받는 대이다. 하늘의 도움 없이는 아무것도 할 수 없는 것이 연안 어업이니, 이 21세기에도 신대에 오방기 걸고 멸치잡이를 하는 것은 어찌 보면 당연하다.

아마 내가 만선기의 오방색을 보면 마음이 확 달아오르는 것도 그 때문일 것이다. 굿판과 마당극들을 보러 다니던 때의 기억이 되살아나는 것이다. 스물세 살 시절에 황해도 무당 김금화의 배연신굿을 보러 인천에 간 적이 있었다. 지금은 여러 편의 영화로 잘 알려진 큰 만신이지만, 그때에는 아직 그의 굿이 무형문화재에 등재되기 전이었다. 서해안 배연신굿은 조깃배가 출어하러 나갈 때 온 마을이 어우러져 치르는 큰 굿이다. 그때도 바다에 띄운 배에는 만선기가 펄럭였다.

투박한 축제 풍경과, 항구 전체를 감싸고 있는 비릿한 생멸치 냄새의 야생적 분위기는 부산 바닷가 '싸나이', '아지매'들의 거칠고 당당한 질감 그대로이다. 우리를 안내해 준 이번 축제의 최용학 총괄본부장도 영락없는 50대 부산 사내였다. 까맣게 탄 얼굴에 까만 고글을 쓰고 무슨 말을 해도 웃지 않았는데, 오로지 멸치 배가 만선기 휘날리며 귀항하는 이야기를 해 줄 때 잠깐 입가와 뺨에 미소가 서렸다.

그의 설명을 듣고 나니, 4월의 멸치 축제는 생멸치를 파는 것이 핵심임을 알 수 있었다. 마른 멸치로 햇것이 나오는 때는 7월부터란다. 봄의 산란기가 끝난 7월부터야 본격적으로 건조용 멸치를 잡기 시작하기 때문이다. 자잘한 멸치들이 몰려들 때에 여러 배가 한꺼번에 멸치 떼를 에워싸고 그물로 떠올리듯이 잡는다고 한다. 이것을 끓는 물에 살짝 데쳐 말린 것이 볶아 먹고 국물을 내어 먹는 바로 그 마른 멸치이다. 흔히 질 좋은 멸치는 하얗고 푸르스름한 빛을 띤 것이라고들 한다. 말리면서 멸치의 비늘이 말라 하얗게 반짝거리게 되고, 등 푸른 생선의 푸른 살빛이 얇은 비늘 밑에서 비치기 때문이다. 오래 되고 질 낮은 멸치는 누런빛이 도는 것인데, 비늘이 다 떨어져 살이 드러나고 육질에 있는 기름기가 절어 살이 누르스름해진 것이다. 멸치가 등 푸른 생선이란 것을 알고 나면 아주 쉽게 이해할 수 있는 사항들이다.

봄 멸치와 가을 멸치

마른 멸치용에 비해 생멸치로 쓰는 멸치는 잡는 시기와 방법이 다르다. 큰 그물코로 봄과 가을 두 차례 잡아 주로 젓갈을 담그고 회나 찌개, 조림, 구이로 먹는다. 그러니 4월에 멸치축제를 한다는 것은 쉽게 말해 멸치젓 담그기에 초점이 맞추어진 것임을 알 수 있다. 축제라고 이름 걸고 공식적 행사

기장 멸치 축제(4월 19~23일) 첫날, 날이 저물어서야 멸치잡이 배가 귀항했다.
한 이틀 정신없이 멸치가 잘 잡히더니만, 이날은 멸치 떼를 찾아 꽤 오래 헤맨
모양이다. 어둑해지는 불빛 아래, 능숙하게 멸치를 터는 모습이 장관이다.

를 만들지 않아도, 기장의 대변항에는 4, 5월만 되면 멸치를 사러 모여드는 손님들이 많았다고 한다. 모두 멸치젓을 담그기 위한 것이다. 마치 초여름이 되면 서울의 마포나루나 인천 소래 포구에 젓갈용 새우를 사러 사람들이 모여들었던 것처럼, 사람들은 큰 들통 들고 멸치 사러 이곳에 모여들었던 것이다. 1960, 70년대까지만 해도 집집마다 젓갈을 담가 먹었고, 우리 집에서도 새우젓을 한두 말씩 담갔던 기억이 난다. 그런데 남쪽 바닷가 사람들에게는 그런 젓갈이 멸치젓이다. 감칠맛이라면 새우도 둘째가라면 서럽겠지만, 진한 맛으로는 멸치를 따라가기 힘들다. 다소 비린 것이 흠이지, 입에 착 감기는 감칠맛과 깊은 뒷맛은 젓갈 중에 최고가 아닐까 싶다. 그것은 확실히 중부 지방 사람들이 즐기는 새우젓, 조기젓, 황석어젓의 말끔하고 깨끗한 맛과는 다른 진한 맛이다. 액젓 역시 멸치 액젓이 감칠맛에서 으뜸이다. 바로 이런 멸치젓을 봄에 담그는 것이다.

봄에 멸치젓을 담그는 이유는 멸치의 살과 뼈가 아직 연한 시기이기 때문이다. 봄에 잡히는 멸치는 길이가 10센티 정도로 자잘하고 살이 부드럽다. 시일이 지날수록 씨알이 굵어지고 뼈도 단단해지므로 가을에 잡는 멸치는 길이가 15~20센티미터가량 되는, 거의 정어리나 양미리 정도 크기의 생선 꼴을 갖춘다. 봄에 담근 멸치젓은 석 달 만에 폭 삭아 살이 다

작년 가을에 잡은 가을 멸치. 얼려 놓았던 것을 구이용으로 해동했다. 씨알이 굵고 살도 탱탱해 제법 생선 꼴을 갖추었다.

흐무러져, 이런 것으로 김치를 담가야 김치에 뼈가 걸리적거리지 않는다. 체에 거르고 자시고 할 것도 없이 김장할 때에 걸쭉한 국물과 건더기를 함께 푹푹 넣어 버무리면 김치가 익어 갈수록 고소하고 맛이 깊어진다. 여기에 자잘한 갈치라도 툭툭 썰어 함께 넣어 담갔다면 그 맛은 금상첨화이다.

대신 가을에 담근 멸치젓은 따로 쓸모가 있다. 멸치의 씨알이 굵고 살이 단단하므로, 다 익은 후에도 살이 흐트러지지 않는다. 따라서 멸치 형태가 그대로인 것을 몇 마리씩 꺼내 고춧가루와 마늘 등으로 양념을 하여 반찬으로 먹는다.

젓가락으로 헤집으면 살이 잘 발라지는데, 이것을 물미역, 다시마, 찐 호박잎 등의 쌈을 먹을 때에 쌈장 대신 쓰는 것이다. 잘 손질한 물미역에 따끈한 밥 한 숟가락 얹고, 그 위에 검붉은 멸치젓을 살만 발라 얹은 후 입에 넣으면 어찌나 맛이 있는지 제대로 씹기도 전에 목으로 넘어간다. 봄 멸치로는 이렇게 탱탱한 멸치젓이 되지 않으니, 어쩔 수 없이 가을 것을 써야 한다. 또 굵은 가을 멸치는 소금을 뿌려 가며 구워 먹어도 맛있다.

횟감은 다듬어서, 젓갈은 담가서 판매

이러니 경남 사람들이 해마다 멸치 사러 대변항에 몰려온 것은 당연하다. 새우나 멸치나 도매시장 거치지 않고 싱싱한 물건으로 담가야 하니 아예 산지로 찾아오는 것이다. 축제장의 각 부스에서는 어제 들어온 멸치를 쌓아 놓고 젓을 담가 주기에 바쁘다. 능숙한 솜씨로 소금을 푹푹 퍼 넣고 버무려 비닐에 담고는 플라스틱 통에 쟁여 넣는다. 택배비를 내면 집으로 부쳐 주기도 하는데, 이것을 그대로 두세 달 정도 놓아두면 젓갈이 된다.

바닷가에서 젓갈 담그는 것은 다소 지저분해 보이기도 한다. 씻지 않고 그냥 담그기 때문이다. 하지만 새우젓이든 멸치젓이든 해물을 씻어서 담그는 젓갈은 없다. 바닷물과 뻘을 먹고 자란 해물을 머리와 내장까지 모두 넣어, 갯벌에서 생성된 천일염으로 버무려 저장하는 것이 젓갈이다. 그저 바다의 청정함을 믿고 먹는 것이다. 그래도 께름하다면, 멸치만 사다가 집에서 한번 헹구어 젓을 담그는 수밖에 없다. 물론 나처럼 그 징글징글한 기름기와 비린내에 매번 후회할 것이다

봄 멸치의 별미가 또 있다. 바로 멸치 회 무침이다. 살 많고 쫀득한 가을 멸치를 선호하는 취향도 있지만, 최 본부장은 그래도 봄 멸치가 제맛이라며 우리를 먹거리 부스로 데리고 들어갔다. 부녀회 '아지매'들이 빠른 손놀림으로 뼈를 발라 멸치 살만 수북이 쌓아 놓았다. 내 손의 검지 정도밖에 안 되는 크기의 멸치 살이다. 거기에 미나리 등의 야채와 섞어 초고추장에 버무린다. 멸치 회 무침을 한 젓가락 집어 입에 넣었다. 와! 입속에서 사르르 녹는다. 단 약간의 아쉬움은 그저 제품화된 초고추장만 쓴 것이리라. 멸치나 전어처럼 비린 생선을 회로 무칠 때에는 된장이 섞여야 맛이 깊어진다. 여기에 막걸리까지 곁들이면 금상첨화이다.

양념이 좀 불만족스러워도 바닷가에서 먹는 회는 매력적이었다. 바로 신선도 때문이다. 멸치는 신선도가 조금만 떨어져도 회로 먹을 수 없는 것이니, 이런 별미는 바닷가 사람의 전유물이었다. 하지만 요즘은 전화나 인터넷으로 주문하면 뼈를 발라 깨끗이 손질한 회를 얼음 채워서 집으로 보내 준다.

마른 멸치로 햇것이 나오는 시기는 7월부터이다. 봄의 산란기가 끝난 7월부
터 본격적으로 건조용 멸치를 잡기 시작한다. 자잘한 멸치들이 몰려들 때
여러 배가 한꺼번에 에워싸고 그물로 떠올리듯 잡는다.

바닷가에서 바로 먹는 것만은 못해도 이 정도만으로도 충분히 맛있다. 게다가 비린 생선을 손으로 주물럭거리지 않아도 멸치 회를 먹을 수 있는데 망설일 이유가 없다. 참 세상 좋아졌다.

멸치 회 무침의 감동스러운 맛을 보니 그저 하늘과 바다가 고마울 뿐이다. 인간은 제철을 잘 가려 고맙게 받아먹기만 하면 될 뿐이다. 아무리 재배와 양식에 의존하는 먹을거리가 많아졌다 하더라도, 여전히 하늘과 땅과 바다가 철 따라 맛있는 것을 내려 주셔야 인간이 산다는 이 만고의 진리는 변함이 없다. 2011년에는 일본 원전 폭파 사고의 여파로 기장 멸치 축제를 하지 못했다. 우리가 과연 이 위대한 식재료의 혜택을 언제까지 받을 수 있을지, 신대처럼 펄럭이는 오방색 만선기를 보면서 생각했다.

멸치 축제와 인터넷 사이트를 통해 구입할 수 있는 품목은 대략 다음과 같다.

(1) 생멸치. 대개 비닐과 스티로폼 박스에 담아 배송된다. 집에서 젓을 담그거나 회, 국, 구이 등으로 다양하게 쓸 수 있다. 그러나 집으로 가져오는 동안 많이 상하므로, 가까운 생선가게나 수산 시장에서 사는 것이 좋다.

(2) 생멸치에 소금 간을 하여 발효시키지 않은 것. 큰 김장용 비닐과

큰 원형의 플라스틱 통 안에 담겨 배송된다. 구입한 직후 그냥 먹을 수는 없고, 젓갈로 발효된 후에만 먹을 수 있다. 전문가의 손으로 적정 양의 소금이 들어가 있으며, 발효 과정을 손수 관리할 수 있다는 점에서 선호된다.

(3) 완전히 발효된 멸치젓. 건더기까지 있으나 살은 대부분 흐물거려 풀어진 상태이다. 큰 플라스틱 통과 비닐 안에 들어 있거나, 소량 판매하는 경우는 맑은 플라스틱 통에 담겨 있다.

(4) '마리젓'이라는 이름으로 소량 판매하는 젓갈. 완전히 숙성된 젓갈인데, 굵은 가을 멸치로 담가 다 익은 상태에서도 탱탱한 살을 맛볼 수 있다. 마늘과 고춧가루 등으로 양념을 해서 그대로 상에 올린다.

(5) 멸치 액젓. 멸치젓이 충분히 익고 삭아서 위에 뜬 맑은 액체만 떠낸 것. 보통 슈퍼마켓에서 파는 유명 브랜드의 멸치 액젓은 멸치 이외의 다른 생선을 섞어 만든 것이 많다. 멸치 전문점에서 사는 것은 그럴 위험이 없다.

(6) 다양한 마른 멸치. 멸치잡이 배 위에서 바로 데쳐 말린 것이다. 크기와 질에 따라 가격이 다양하다. 단 기장에서는 '죽방멸치'는 팔지 않는다. 죽방렴어업은 바닷물의 흐름이 빠른 경남 사천과 남해 창선 부근의 협수로에서만 이루어지기 때문이다. 죽방멸치는 값이 어마어마하게 비싼데, 이는 죽방렴어업의 구조상 어구와 가마(멸치를 데치는) 사이가 매우 짧아서 멸치 살이 다치지 않고 가장 신선한 상태에서 가공되기 때문이다.

(7) 아주 드물게, 데치지 않고 말린 멸치를 팔기도 하는데 주로 조림용으로 쓴다.

굴, 굴젓

자잘하고 뽀얀 굴,
담백한 어리굴젓

굴의 제철은 언제?

언론 홍보를 통해 음식의 제철을 가늠하는 도시인들은 늘 제철보다 약간 이른 먹거리를 사먹게 마련이다. 가지가지 홍보를 시즌 첫 시작에 내보내기 때문이다. 신문과 방송이 그렇고, 축제 역시 그 물건의 끝물에 하게 되진 않는다.

오랫동안 연극 평론을 했던 내 경험에 의하면, 언론은 늘 첫 공연을 보고 평을 써 주기를 원했다. 관객의 공연 선택에 도움을 주기 위해서는 평론가가 첫 공연이나 리허설을 보고 쓴 평을 공연 시즌 초반에 일찌감치 게재하는 것이 옳다고 여기는 것이다. 이렇게 초반에 사람들이 온갖 얘기를 다 해 놓고 나면, 뒤에 새로운 얘기를 하려고 해도 맥이 빠져 버리기 일쑤다. 하지만 나는 이런 관행이 늘 불편했다. 첫 공연이란 설익은 공연이다. 영화는 첫 상영이나 마지막 상영이나 관객의 반응이 좀 달라질 뿐 작품 자체가 달라지진 않는다. 하지만 공연은 다르다. 인간의 몸으로 직접 보여 주는 공연이란, 공연이 계속 이루어지면서 배우들이 익숙해지고 연출도 조금씩 수정하면서 작품이 무르익는다. (심지어 공연을 진행하면서 연출만이 아니라 희곡까지 계속 뜯어고치는 오태석 같은 연극인도 있다. 공연 날 오전에 배우들을 집합시켜 놓고 바뀐 대사와 연출을 알려 주면서 당장 그날부터 고친 대로 하라니, 배우와 스태프들은 죽을 지경이다.) 그러니 첫 공연을 봐야 하는 평론가는 설익은 공연을 보는 손해를 감수해야 한다. 그래서 그게 정 아쉬우면 끝 무렵에 한 번 더 보기도 한다.

옆길로 샌 이야기가 길어졌는데, 식재료도 마찬가지이다. 과일이든 채소든 첫물이 막 나올 때보다 계절의 흐름에 따라 충분히 무르익었을 때에 먹는 것이 훨씬 맛있다. 특히 비닐하우스 재배가 흔한 요즘 농산물에서는 그런 경향이 훨씬 강하다. 토마토는 6월 말, 참외는 8월 중순이 되어야 제맛이 든다. 전어회도 9월부터 나와 '제철'이라고 서두르지만, 사실 날씨가 쌀쌀해져야 고소한 맛이 강해진다.

사람들은 굴이 김장철 즈음에 제철을 맞는다고 생각한다. 아주 틀린 말은 아니다. 흔히 10월부터 4월까지가 굴이 나오는 시기라고 이야기한다. 하지만 최고의 맛을 내는 계절은 11월 하순의 김장철이 아니라 이보다 훨씬 뒤인 1, 2월이다. 사실 싱싱한 굴을 만날 수 있는 산지라면 3, 4월의 굴도 질이 좋다.

김장철에 나오는 이른 굴은 몸통이 거무스름한 빛이 많다. 맛은 아무래도 싱겁다. 그런데 1월에 들어서면서 굴은 추위에 탱탱하게 살이 올라 뽀얀 우윳빛을 띠게 된다. 이때의 굴이 가장 맛있는 굴이다. 그러니 11월 김장철에 굴 한 번 사 먹고 끝낸다면 얼마나 손해인가.

자잘한 자연산 굴은 더욱 그렇다. 양식 굴보다 훨씬 느리게 자라기 때문이다. 자연산 굴은 겨울 한복판의 강추위를 맞으면서 맛과 향이 깊어진다.

남해안 양식 굴과 서해안 자연산 굴

일 년 중 가장 맛있는 굴을 찾아 엄청나게 추운 1월에 나섰다. 충남 서산 지곡면 도성리, 가로림만에 있는 분점도라는 작은 섬이다. 섬마을간월도어리굴젓(이하 '섬마을굴젓')의 대표 유명근 씨의 안내로, 아침 8시에 작은 배를 타고 들어간 섬은 굴 채취와 고기잡이로 사는 어촌 마을이었다.

이곳의 굴은 '투석(投石)식'으로 양식하는 자연산 굴이다. 예민한 독자라면 대번에 '양식'과 '자연산'이란 말이 모순된다고 생각할 것이다. 하지만 이게 현실이다. 흔히 자연산 굴이라 부르는 것이 투석식 양식을 한 굴이며, 양식 굴이라 부르는 것은 '수하(水下)식'으로 양식한 굴이다.

'수하식' 굴은 깊은 물속에 담가 키우는 방식으로 굴 종자를 인위적으로 넣어 키운다. 늘 물속에 잠겨 있으니 먹이나 수온 등 조건이 편안하여, 굴의 크기가 크고 생김새가 번듯하다. 대신 편하게 자란 것이라 맛과 향이 약한 게 흠이다. 대개 조수 간만의 차가 크지 않은 남해안에서는 수하식으로 많이 키운다.

그에 비해 '투석식'은 말 그대로 돌을 던져 놓는 것이다. 굴이 붙을 수 있는 가리비 껍데기 같은 것을 철사로 엮은 꾸러미를, 굴이 많이 있는 갯벌 여기저기에 그냥 던져 놓는다. 굴 종자를 인위적으로 넣지 않은 채 그냥 던져 놓기만 한다. 굴은 원래 갯벌 돌멩이에 붙어서 사는 생물이다. 그래서 사람이 던져 놓은 그것들에도 굴이 스스로 붙어 새끼를 치고 성장한다. 종자도 넣지 않고 다른 인위적인 조작도 없이 그저 내버려 두었다가 겨울에 그 꾸러미를 들고 들어오는 것뿐이니 바윗돌에 붙어 있는 굴이나 동일하다고 본다. 단지 들고 들어와 작업하기 편하게 했다는 것이 차이일 뿐이다. 그래서

살아 있는 굴을 처음 보는 사람은 그게 굴인지 알아보지 못한다. 갯벌에 흩어져 있는 자잘한 돌멩이에 따개비 등과 함께 너저분하게 붙어 있으니 말이다. 껍데기를 뾰족한 것으로 콕 까면, 그 안에 맛있는 굴이 모습을 드러낸다.

자연산이라 부르는 것이다.

주로 조수 간만의 차가 큰 서해안에서 이런 방식으로 키우는데, 굴이 늘 물에 담겨 있는 수하식과 달리 서해안 갯벌에서 크는 굴은 밀물 때에는 물에 잠겼다가 썰물 때에는 공기 중에 노출되기를 반복한다. 한여름 30도가 넘는 땡볕과 영하 10도가 넘는 강추위를 바위에서 견디며 사는 것이다. 이렇게 열악한 환경을 고스란히 견디다 보니 굴은 빠르게 생장하지 못하여 크기가 자잘해지는데, 대신 강하고 탱탱해진다. 당연히 맛과 향도 진하다.

양식 굴과 자연산 굴은 이렇게 크기와 맛이 다르니 용도도 다르다. 크고 번듯하게 생긴 양식 굴은 전이나 튀김 등에 적당하다. 그에 비해 자연산 굴은 회로 먹을 때에 아주 맛있다.

어딧 굴이 젤로 맛있슈?

그저 갯벌 바위에서 자라도록 내버려 두어도 되련만 구태여 투석식으로 양식을 하는 이유는 작업의 편의 때문이다. 갯벌 바위에 붙은 굴은 조새(끝이 뾰족한 도구)로 직접 캐어 와야 한다. 푹푹 빠지는 갯벌에서 장화를 신고 중심을 잡아야 한다. 쭈그리고 앉으면 엉덩이가 갯벌에 빠질 수도 있으니 허리를 구부린 채 일을 해야 한다. 아주 힘이 많이 드는 작업이다. 그런데 투석식 양식은 던져 놓은 꾸러미를 작업장에 들고 들어와 굴 껍데기를 깐다. 나지막한 목욕탕 의자에 털퍼덕 앉아 작업을 하는 것이다. 작업 자세도 덜 힘들 뿐 아니라 날씨와 상관없이 일을 할 수 있다.

투석식으로 굴을 키운다고 해서 갯벌의 진짜 바위에 붙은 굴이 없는 것은 아니다. 그래서 날이 좋으면 갯벌에 나가 바위의 굴들을 캐 온다. 그리고 투석했던 꾸러미는 힘 좋은 남자들이 운반해 들여온다. 그러면 실내에서 아주머니들이 모여 앉아 굴을 까는 것이다.

굴조차 탱탱 얼어붙는 추운 아침에 아주머니들이 바로 캐어 온 굴을 맛보았다. 짭짤한 소금물에 헹군 굴을 대접에 수북이 담아 깨소금과 함께 먹었다. 맛이 아주 진하고 향기롭다. 맛이 이 정도가 되면 초고추장을 찾을 필요가 없다. 그저 소금과 깨소금 정도의 간결한 양념이어야 이 진하고 향기로운 굴 맛이 제대로 살아나는 것이다.

맛있어 죽겠다는 나의 표정을 보고서도 '충청도 양반'들은 당연하다는 듯 빙긋이 웃기만 한다. 게다가 한 술 더 뜬다. "어딧 굴이 젤로 맛있슈?" 유명근 씨가 의뭉스러운 표정으로 동네 분들에게 이런 당연한 질문을 한다. 그저 '당연히 우리 게 제일 맛있지!'라고 말해 버려도 될 터인데, 아저씨들은 마치 방송에 나온 전문가들처럼 매우 심사숙고했다는 듯한 목소리로 "에, 아마 근방에서 우리 분점도 굴이 젤로 맛있을규." 나가는 길에 유명근 씨는 우리에게만 살짝 말한다. "저 옆댕기에 있는 우도에 가믄 우도 굴이 젤 맛있다 그류. 근디 이 동네 가로림만 굴은 다 맛있슈. 올해 분점도 굴은 우리 회사가 몽땅 샀슈." 이 충청도식 화법, 정말 재미있다.

좋은 어리굴젓의 핵심은 좋은 굴

말할 것도 없이 굴젓의 핵심은 재료, 즉 굴이다. 사실 굴, 소금, 고춧가루가 좋으면 굴젓은 맛있게 마련이다. 그러니 굴젓 회사는 좋은 굴 확보에 목숨을 거는 것이다. 섬마을굴젓

얼어붙는 날씨에 발도 시릴 터인데, 연세 드신 아주머니들은 허리를 구부린
채 참 재빨리도 손을 놀린다. 종아리까지 푹푹 빠지는 갯벌에, 어떻게 중심
을 잡고 서서 작업을 하는지 신기할 정도다.

은 백 퍼센트 서산 굴만 고집한단다. 그 말은 그렇지 않은 업체도 많다는 의미이다. 그래도 서해안 자연산 굴을 쓰면 좋은 축에 속한단다. 크고 싱거운 양식 굴을 쓰는 곳도 많다는 것이다.

하긴 나도 양식 굴로 담근 어리굴젓을 사 본 적이 있었다. 마트 행사 상품으로 비교적 싸게 파는 굴젓이었다. 집에 와서 찬찬히 살펴보니, 굴이 아주 크고 흐들흐들했다. '아차, 양식 굴이구나!' 싶었다. 양식 굴도 양념해서 젓을 담그면 다 마찬가지라 생각할 수도 있다. 하지만 굴 맛이 싱거우면 양념을 강하게 할 수밖에 없다. 양식 굴로 담근 그 굴젓은 간이 짜고 물엿이나 설탕의 단맛도 너무 강했고 아주 매웠다. 이쯤 되면 한 걸음 더 생각해 봐야 한다. 온갖 자극적인 양념을 많이 쓰니 굴의 들척지근한 감칠맛이 뒷전으로 밀리고 양념 맛만 기승을 부리게 되는 것은 당연한 이치이다. 그러니 강한 양념 맛을 어우러지게 하고 감칠맛을 살아나게 하기 위해 화학조미료를 썼을 가능성도 배제할 수 없다.

그러나 좋은 굴로 어리굴젓을 담그면 그다지 많은 양념이 필요하지 않다. 어리굴젓은 오로지 소금만 넣어 20도 정도의 온도에서 15일간 익힌 후에 양념을 한다. 소금만 넣어 익힌 굴젓은 노르스름한 빛깔로 변해 있는데 이것을 백젓이라 한다. 여기에 고춧가루 등의 양념을 버무리면 빨간색의 어리굴젓이 완성되는 것이다.

양념하기 전의 백젓을 보니, 굴이 탱탱하고 또랑또랑했다. 이런 탱탱한 질감은 1년생 굴로는 어림도 없단다. 2, 3년 이상 자란 굴을 써야 젓을 담가도 흔들거리지 않고 탱탱하다는 것이다. 몇 년 된 굴인지 굴 크기로 판별하느냐고 물었더니, 그냥 보면 안다며 씩 웃는다. 간월도에서 태어나 4대째 가업을 이어받은 사람인데, 그것도 모르겠냐는 투이다.

깔끔한 백젓, 화려한 양념 젓

호기심이 발동하여 백젓을 맛보았다. 와, 이것도 맛있다. 아무래도 고추 양념 섞은 것보다는 간이 강하지만, 마치 양념 하지 않은 조개젓이 깨끗한 바지락조개 맛을 내는 것처럼, 백젓도 굴의 맛이 강하고 깔끔했다. 그래서 인터넷 택배 판매에서만이라도 백젓을 판매해 보라고 권했다. 아무것도 넣지 않고 오로지 녹두 간 것만 부친 평안도식 녹두 빈대떡에 얹어 먹으면 좋을 것 같았다. 흔히 이런 녹두 빈대떡에 깔끔한 조개젓을 얹어먹는 사람이 많은데, 그 대신 백젓도 맛있을 것 같다. 기름에 지져 낸 빈대떡의 고소한 맛과 감칠맛이 강한 짭짤한 굴젓이 기막히게 어우러질 것 같다.

백젓이 좋은 것은 또 있다. 사실 양념하여 판매하는 젓갈들은 대체로 양념 맛이 과도하게 강하다는 느낌이 든다. 고춧

굴에 좋은 천일염 섞어 잘 삭힌 것을 '백젓'이라 한다. 여기에 고춧가루를 비롯한 양념을 넣어 섞으면 어리굴젓이 완성된다.

가루나 물엿을 좀 덜 쓰는 것을 좋아하는 사람들에게는 그렇게 느껴진다. 아무래도 첫 입에 맛있다는 느낌이 들어야 하기 때문에 그렇게 만드는 것이리라. 그러니 말끔한 맛을 좋아하는 취향의 사람들은 백젓을 사다가 자신의 입맛에 맞게 고춧가루 등의 양념을 조절하여 버무릴 수도 있지 않겠는가.

고춧가루 이야기가 나왔더니 유명근 씨가 또 참지 못하고 이야기를 꺼냈다. 자신들은 생협에 물건을 납품하기 때문에 그 까다로운 기준을 다 맞추어야 한단다. 국내산 아닌 섯은 근처에도 가지 못하고 중간에라도 재료 속인 것이 발각되면 당장 계약이 취소된다는 것이다. 그래서 아예 생협 쪽에서 증명하는 고춧가루를 가져다가 쓴다고 했다. 그게 속이 편하다는 것이다.

그리고는 킬킬 웃으며 비밀스러운 이야기를 털어놓았다. 섬마을젓갈에서는 굴젓 이외의 다른 젓갈도 판매한다. 어느 해인가 다른 젓갈 한 종류가 영 맛이 나지 않아 살짝 화학조미료를 넣었단다. 그랬더니 생협에서 이를 사 먹은 소비자들이 바로 알아채고 신고를 해 왔다. 생협 직원들이 조사에 나선 것이다. 자신은 절대로 아니라고 거짓말을 했단다. 분석해 보라고 큰소리를 쳤지만 속으로는 엄청나게 '쫄고' 있었다. 만약 사실이 들통 나면 그 생협에서는 완전 퇴출이기 때문이다. 그런데 워낙 소량이었는지 조사에서 화학조미료 성분이 검출되지 않았고, 그 사건은 그렇게 덮였다. 이 일을 계기로 유명근 씨는 다시는 이런 짓을 하지 말아야겠다고 다짐했단다. 생협을 이용하는 소비자들이 무서운 입맛을 지니고 있다는 사실을 알았다. 꽤 시간이 흐른 후에 그 생협 직원에게 이실직고 했고 용서를 빌었단다.

굴젓은 밥과 함께 먹어야 한다. 밥도둑이라 일컫는 반찬이 적지 않으나, 어리굴젓은 그중 다섯 손가락 안에 든다고 자신할 만하다. 갓 지어 김이 펄펄 나는 쌀밥에 빨갛게 양념한 어리굴젓을 턱 얹어 입에 밀어 넣으니, 그저 씹을 것도 없이 꿀

떡 넘어간다. 확실히 양념 맛이 담백하고 굴 자체의 맛이 강하다. "아, 입만 점점 수준이 높아지니 참 큰일이다."란 탄식이 절로 나온다.

그런데 이 좋은 굴이 나오는 가로림만은 내가 취재한 이후 몇 년 동안 홍역을 치렀다. 한국전력이 조력 발전을 위한 댐을 만들 계획을 세웠기 때문이다. 가로림만이 호수가 되어 버리면 바다와 갯벌은 죽고 굴 생산도 끝난다. 굴뿐인가. 세계 5대 갯벌에 꼽힌다는 그곳에서는 요즘 한창 뜨고 있는 감태도 생산된다. 이런 곳을 개발하겠다고 했으니 그 뒤는 안 봐도 비디오이다. 지루하고 긴 싸움이 이루어졌다. 어업의 절멸을 우려하며 반대하는 어민들과, 이주하고 싶어 보상비 받자는 주민들로 나뉘어, 주민 갈등이 심각해지는 것도 필연적 수순이었다. 내가 방문했을 때에는 이 싸움이 한창 진행 중이었다. 댐 반대 측에서 내건 현수막이 겨울바람에 아프게 펄럭이는 모습을 눈에 담고 왔다.

이곳은 환경 영향 평가에서 갯벌의 환경 가치가 높게 평가되어 사업 추진이 반려되기를 거듭했다. 우리나라에서 엔간하면 '개발' 쪽이 이기는 경우가 많은 것을 생각하면, 이곳의 자연이 지니는 가치가 얼마나 큰 것인가 짐작할 만하다. 그리고 2016년 해양수산부가 이곳을 해양 보호 구역으로 지정하면서 10년에 걸친 긴 갈등이 끝이 났다. 그런데 발전소 백지

화로 결론이 나자 개발을 지지했던 주민들의 실망과 좌절이 컸다. 그래서 대안으로 나온 것이 가로림만 국가 해양 공원 설립이다. 순천만의 사례를 참고하여 어떻게 환경을 훼손하지 않고 적절한 개발을 할 것인가에 대한 논의가 시작되고 있다. 아무쪼록 현명한 결과가 도출되어 이곳의 맛있는 해산물을 계속 먹을 수 있기를 바란다.

서해안의 자연산 굴은 서울 같은 대도시의 시장과 마트에서는 쉽게 눈에 띄지 않는다. 자연산 굴이라 해도 주로 남해안의 것이 많다. 그래도 1월을 넘겨 하얗고 탱탱해진 굴이라면 꽤 맛있다. 대도시에서 서해안 자연산 굴을 꼭 구입하겠다고 마음을 먹는다면 인터넷 검색을 통해 '손품'을 팔아야 한다. 주로 서해안 지역에 근거지를 두고 해산물을 판매하는 사이트에서 간간이 서해안 자연산 굴을 판매한다. 우리가 서울에서 보던 굴에 비하면 아주 잘다. 가끔 생협에서 병에 자연산 굴을 담아 판매하는 경우가 있다. 값은 비싸지만 믿을 만하다.

물론 이보다 더 좋은 방법은 직접 서해안 어촌마을의 장날에 가서 사는 것이다. 나는 홍성, 광천 등을 지나다가 오일장에서 굴을 사 본 적이 있다. 계절이 4월 하순이었는데 좌판의 아주머니들이 굴을 바로 까서 팔고 있었다. 이런 봄에 생굴을 먹어도 되냐고 물었더니, 아주머니들은 "이게 젤 맛있슈."라고 한마디로 정리했다. 정말, 내가 평생 먹어 본 굴 중에서 가장 맛있는 굴이었다.

어리굴젓을 살 때에는 굴 크기를 보는 것이 중요하다. 대개 대형 마트 시식대에서 아주 잘게 자른 굴젓을 정신없이 먹어 보게 되는데, 그런 방식으로는 굴의 질을 알기 힘들다. 포장 용기 속에 들어서 내용물을 보기 힘들 때에는 서해안 지역에서 생산된 것인지 확인하면 약간 도움이 되기도 한다.

물론 포장지에서 재료를 확인하는 것이다. 광고에서는 멀쩡하게 MSG를 넣지 않았다고 써놓고는 뒤편의 자잘한 글씨를 읽어 보면 '글루타민산나트륨 0.3퍼센트' 식의 문구가 들어 있는 경우가 있기 때문이다. 색소를 쓰는 굴젓도 있으니 꼼꼼히 읽어 봐야 한다.

명란젓

비릿하고 쌉쌀한 맛이
살아 있는 명란젓

예나 지금이나 명란젓은 마음껏 먹어 보기 힘든 비싼 반찬
이다. 참기름 조금 끼얹으면 밥반찬으로 그만이고, 막이 터져
좀 지저분해진 것도 달걀찜을 해먹거나 애호박 썰어 넣어 국
을 끓이면 맛있고 고급스러운 음식이 된다. 좋은 줄 누가 모
르겠는가마는, 비싼 가격 때문에 자주 먹기 힘든 것이 명란젓
이다.

어릴 적에 나는 집에서 담근 명란젓을 먹던 기억이 있다.
엄마가 집에서 명란젓을 담그는 해에는 비싼 명란젓을 그나

마 조금 풍족하게 먹을 수 있었다. 우리 집에서는 초가을부터 늦가을까지 뭔가를 계속 말렸는데, 초가을 애호박 오가리부터 시작하여 깐 도라지, 붉은 고추를 거쳐 초겨울 명태 말리기에 이르면 대강 끝이 났다. 날이 쌀쌀해지면서 겨울 느낌이 일기 시작하면 큰 시장에 나가 동태를 한 짝 산다. 이런 날은 하루 종일 분주했다. 배를 가른 동태에 슴슴하게 간을 하여 채반에 펴 말리는데 설날 차례 상에 올릴 북어포를 만들기 위해서였다. 북어포는 물론 돈 주고 사면 편하다. 그런데 그때만 해도 예쁘게 잘 말려 놓은 황태는 값이 꽤 비쌌고, 게다가 폼으로 올려놓는 제수용품이어서인지 정말 맛이 없었다. 그렇다고 '좌포우혜(왼편에는 포, 오른편에는 식혜)'란 말에도 들어가는 북어포를 올리지 않을 수는 없는 노릇이다. 해마다 명절이 끝나면 그 맛없는 북어포를 어떻게 조리해 먹을 것인가가 엄마와 할머니의 고민이었고, 어느 해부터인가 아예 집에서 말리기로 한 것이다.

제수로 쓸 것은 예쁘게 다듬어 말리고, 또 몇 마리는 대강 다듬어 일반적인 북어 요리용으로 말렸다. 또 몇 마리는 찌개를 끓이고, 절였다가 쪄서 반찬을 했다. 명태는 정말 용도가 다양했다. 명태 한 짝 들고 오는 것이 힘들어서 그렇지, 풍성한 반찬거리를 저렴하게 장만할 수 있는 좋은 재료였다.

더더욱 반가운 것은 거기에서 나오는 부산물, 즉 알이었다.

재수가 좋으면 통통한 알이 꽤 많이 나왔고, 곤과 창자도 각기 쓸 만한 식재료였다. 탱탱한 명란 사이에 켜켜이 소금을 뿌려 추운 뒤꼍에 놓아 두면 몇 주 후에 쫀득한 명란젓이 되었다. 이 정도 가격으로 풍족하게 명란젓을 먹을 수 있다는 것이 손 시린 것을 마다 않고 동태 말리는 노동을 하는 또 다른 재미였을 것이다.

화학조미료, 발색제…… 게다가 고결제까지?

나이 탓일까. 언제부턴가 사 먹는 명란젓이 점점 불만스러워졌다. 꼴뚜기젓, 창란젓이 물엿투성이가 된 지는 오래인데, 급기야 명란젓도 점점 과도하게 들척지근해지는 추세이다. 게다가 아무리 고춧가루를 썼다 하더라도 그 알의 색깔은 또 왜 그리 선명하게 붉은지, 따뜻한 슈퍼마켓에서 꺼내 놓고 팔아도 상하지 않는 건지, 참 찜찜한 일이 한두 가지가 아니다.

이럴 때에는 우선 마트에 서서 명란젓 포장지에 쓰여 있는 재료와 식품 첨가물을 꼼꼼히 살펴보아야 한다. 이도 모자라면 인터넷에서 유명하다는 명란젓 생산 업체의 사이트에 들어가서 일일이 재료와 식품 첨가물을 확인해야 한다.

명란은 모두 러시아산이다. 동해 바다에서 명태가 잡히지 않으니 동태와 명란 등은 모두 러시아산일 수밖에 없다. 그 외의 주재료는 소금과 고춧가루이다. 설탕과 물엿도 일반적

싱싱한 생명태. 좋은 명란젓을 만드는 것에는 신선한 명란이 관건이다. 얼린 동태에서 적출한 알이 아닌, 명태잡이 배에서 바로 적출하여 육지로 실어 온 선동란이 질 좋은 명란이다

으로 많이 쓴다. 약간의 단맛을 위해 어쩔 수 없이 쓴다고 치자. 그런데 화학적 분해로 만들어진 맑은 색의 물엿 대신 엿기름으로 삭힌 누런색 조청을 쓰는 업체는 거의 없다.

더 꼼꼼히 봐야 할 대목은 첨가물이다. 대개 명란젓에 쓰이는 첨가물은 색소 혹은 발색제, 방부제, 고결제, 그리고 화학조미료이다.

화학조미료는 우리가 잘 아는 MSG이니 더 설명할 필요는 없을 것이다. 색소는 말 그대로 명란의 붉은색을 내기 위해 쓴다. 이것을 쓰지 않으면 젓갈로 발효된 명란은 그렇게 붉지 않아 신선하다는 느낌을 주지 않는다. 그래서 고춧가루와 함께 붉은 색소를 쓰게 되는 것이다.

그런데 요즘은 색소를 쓰지 않았다고 자랑하는 명란젓이 꽤 많다. 포장지 앞면에 '무색소'라고 쓰여 있기도 하다. 그러나 포장지 뒤편에 깨알같이 쓰여 있는 식품 첨가물 난을 들여다보면 멀쩡하게 아질산나트륨이라 적혀 있다. 아질산나트륨은 그 자체로 붉지 않으니 색소는 아니다. 하지만 식품의 색을 붉게 만드는 발색제이니, 이걸 넣고도 '무색소'라 자랑하면 '눈 가리고 아웅' 하는 격이다. 물론 아질산나트륨은 방부 효과도 지닌다. 발색제인 동시에 방부제인 약품으로 햄이나 소시지, 육포 등 육가공품의 붉은색을 유지하는 데에 널리 쓰인다.

사람들이 거의 생각지 않는 첨가물이 바로 고결제(固結劑)이다. 말 그대로 굳게 만드는 약제이다. 명란이 알알이 흐트러지지 않고 약간 엉기도록 하여 예쁜 모양을 유지하고 먹기도 편하게 하기 위해서이다. 주로 사과산나트륨이 쓰인다. 나도 수십 종류 명란젓을 일일이 확인하고서야 명란젓에 고결제가 쓰인다는 것을 알았다.

물론 모든 명란젓이 이 첨가제들을 다 쓰는 것은 아니다. 하지만 이 모든 것을 하나도 쓰지 않는 '무첨가제' 명란젓은 정말 찾기가 쉽지 않았다. 무색소와 무방부제라고 선전하는데 화학조미료는 쓰는 제품, 무색소, 무화학조미료라고 내세우는데 고결제는 쓰는 제품, 고결제는 쓰지 않는다고 자랑하는데 화학조미료를 쓰는 제품 등 양상도 다양했다. 그러니 명란젓을 고를 때에는 정말 포장지 앞면만이 아니라 뒷면의 식품 첨가물을 모조리 읽어 봐야 한다. 물론 이런 식품 첨가물은 다 허용치 이하로만 넣는다고 한다. 하지만 '노케미족'임을 자처하는 사람들의 입장은 다르다. 인류 역사상 지금의 우리들처럼 많은 화학 약품에 노출된 경우가 없으니 속단하기는 이르다는 것이다.

고결제를 안 쓰려니 질 좋은 명란으로

그러니 나의 걸음은 생협으로 향할 수밖에 없었다. 그곳에서 파는 명란젓이 당연히 비싸고 육안으로 보기에 볼품없을 거라는 것쯤은 짐작하고 있었다. 거기서 만난 것이 '아침바다'란 업체에서 만든 명란젓이다. 한살림, 아이쿱, 두레생협 등에 모두 명란젓을 납품하는 업체였다.

강릉시 주문진읍에 있는 주식회사 아침바다의 운영을 총괄하고 있는 전항주 부장의 말은 아주 간단명료했다. 자신들의 명란젓은 별다른 비법이란 게 없다는 것이다. 오로지 좋은 명란, 소금, 고춧가루, 약간의 설탕과 조청만 넣고 그 외의 것은 하나도 넣지 않는 것, 그것뿐이란다.

우선 명란의 질을 거론하는 것이 인상적이었다. 하지만 이는 친환경으로 명란젓을 만드는 데에 아주 중요한 요소이다. 고결제를 쓰지 않고 명란젓을 만들려니 원료인 명란의 질이 좋아야 하는 것이다. 질 좋은 단단한 명란이 아니면 더 심하게 부스러져 버릴 것이 뻔하다.

명란의 질은 천차만별이지만, 크게 '선동 명란'과 '냉동 명란'으로 나뉜다. '선동 명란'은 원양 어선에서 명태를 잡은 즉시 배 위에서 꺼낸 알이다. 이를 단단하게 냉동시키지 않고 살짝 얼린 상태에서 들여온다. 아침바다는 이런 선동 명란 중에서도 중상급인 M사이즈의 알만 쓴단다.

그에 비해 냉동 명란은 원양 어선에서 잡은 명태를 통째로 얼려 동태 상태로 수입한 후 육지에서 꺼낸 명란이다. 북어나 코다리를 만들기 위해 동태 배를 가르면 당연히 알과 창자, 곤 등이 나오고, 그 알들은 크기에 따라 명란젓이나 알탕 재료로 팔려 나간다. 하지만 이런 알들은 완전히 냉동되었다가 해동된 것이므로, 선동 상태로 들어오는 알에 비해 품질이 좋지는 않다. 가격이 비싼데도 불구하고 어선 위에서 바로 적출된 질 좋은 선동 명란만을 쓰는 이유이다.

양념도 까다롭게 쓴다. 앞서 섬마을간월도어리굴젓이 그러했듯이 소금과 설탕도 생협에서 파는 친환경 제품을 쓰고 고춧가루도 일반 고춧가루보다 두 배나 비싼 무농약 고춧가루만 쓴다. 생협과 거래하기 위해서는 이를 꼭 지켜야 한다. 재료를 속이면 당장 생협과의 거래가 끊기는데, 입 까다로운 생협의 소비자들이 담당자보다 먼저 재료 바뀐 것을 귀신같이 알아내고 항의를 해 온단다. 이 얘기도 섬마을간월도어리굴젓 사장의 이야기와 일치했다. 생산 업체들이 다 같이 이렇게 얘기하니, 생협 소비자들이 엄청나게 예민하다는 점은 과장이 아닌 듯싶다.

첨가제를 뺀 정직한 맛

확실히 아침바다의 명란젓은 명란의 질이 좋았다. 고결제를 쓰지 않았다는 두어 종의 명란젓을 사다가 비교해 보았는데, 아침바다의 명란젓이 비교적 단단했다. 원재료의 질이 좋다는 증거이다.

다른 점은 또 있다. 일반 업체의 명란젓에 비하면 명란 특유의 쌉쌀한 맛이 남아 있다. 설탕의 양이 적고 MSG를 넣지 않았기 때문이다. 첫 입에 착 감기지는 않지만 금방 질리는 MSG의 맛이 아니니 좋다. 그러나 아쉬운 점도 있다. 무농약 고춧가루가 향이 너무 강해서, 명란 자체의 맛을 가려 버리는 게 흠이라면 흠이다. 물론 이런 평가는 내 취향이다.

명란젓을 만드는 절차는 좋은 명란만 준비되면 의외로 단순했다. 소금물에 하루 반 정도 절이는 게 끝이었다. 이후에는 그냥 냉장고에서 며칠 숙성시킨다. 그렇게 만들어진 것이 아무 양념도 하지 않은 백명란젓이다. 발색제를 쓰지 않아 불그스름한 빛이 선명하지 않다. 새삼스럽게 놀란 것은 명란의 색이 모두 제각각이란 점이었다. 어떤 것은 더 붉었고 다른 것은 더 누르스름했다. 하긴 사람도 생김새와 피부 색깔이 다 다른데, 각기 다른 명태에서 나온 알이 같은 색이라면 그게 더 비정상이다. 그런데 우리는 늘 같은 색의 명란만 보아 오지 않았던가. 소비자가 기대한 것보다는 덜 붉고 제각각 색깔이 다른 것, 이것이 명란젓의 정직한 색깔이다.

맛도 당연히 명란 그 자체의 맛이다. 설탕과 MSG로 비릿한 바다 냄새를 가려 버리지 않은 정직한 맛이다. 이런 백명란젓에 고춧가루와 설탕, 조청을 섞은 양념에 버무리면 빨간색의 양념 명란젓이 완성된다. 설탕도 유기농 황설탕을 쓰고, 주문 들어오는 만큼만 양념에 버무려 바로 납품한다.

아침바다에서는 이런 고춧가루 양념의 명란젓만 생산하고 있다. 그런데 내 입맛에는 백명란젓이 더 매력적이었다. (어리굴젓도 양념 안 한 백젓이 맛있었던 것처럼 말이다.) 백명란은 쓸모도 더 많다. 달걀찜에 넣을 때도 고춧가루 양념이 없는 게 좋고, 맑은 찌개도 백명란젓으로 끓이는 것이 더 깔끔하다. 그래서 "백명란젓을 꼭 시판해 주세요."라고 당부하고 돌아왔다. 하지만 역시 나처럼 찾는 사람은 드문 모양이다. 아직도

합성보존료, 화학조미료 등 일체의 첨가제를 넣지 않은 명란젓. 발그스름한
색깔을 내기 위한 발색제를 쓰지 않아 누르스름한 명란 본래의 색을 지니고
있다.

아침바다는 양념한 명란젓만 생산한다.

돌아오는 길에 곰곰 생각해 보니, 그래도 아쉬움은 남았다. 그것은 아침바다의 명란젓에만 해당되는 것이 아닌, 지금 시판되는 모든 명란젓에 해당하는 근본적인 불만이다. 시중에서 파는 모든 명란젓은, 사실 '젓'으로서의 발효가 거의 이루어지지 않은 '명란 절임'에 가깝다. 명란 자체가 워낙 맑고 깨끗한 맛을 지니고 있어, 그냥 소금에 절여 놓아도 맛있기는 하다. 하지만 겨울에 집에서 절여 발효시킨 명란젓의 맛, 발효가 진행되어 스스로 끈적해지면서 굳어지고 맛도 살짝 발효한 맛이 도는 그 맛이 진짜 명란젓 아니던가. 그런 명란젓은 어디에서도 찾을 수 없다는 점이다. 결국 명란 '절임'이 아닌 발효된 맛의 명란'젓'은 집에서 해 먹을 수밖에 없겠다 싶다. 그래도 아침바다처럼 이 정도로 정직한 명란젓을 생산하는 업체가 있으니 고맙다.

명창을 만드는 귀 명창

좋은 식품의 생산에는 생산자뿐 아니라 소비자도 매우 중요하다. 나는 전항주 부장에게 이런 명란젓을 생산하게 된 계기를 물었는데, 꽤 의외의 답이 나왔다. 대개 업체 관계자들은 이런 질문을 받으면 '올바른 먹거리'에 대한 신념을 이야기하는 경우가 많다. 그런데 전항주 부장은 소탈한 목소리로 이렇게 말했다. 1990년대 초에 한살림에서 찾아와 첨가제 없는 명란젓을 주문했단다. 얘기를 듣고 말도 안 되는 제안이라 생각하고 불가능하다며 거절을 거듭했다. 그런데 결국 설득당했고, 이 길로 들어서게 된 것이란다. 신념 있는 소비자들이 조직화되어 결국 신념 있는 생산을 이끌어 낸 예이다.

판소리에서 명창(名唱)보다 더 중요한 것은 그 소리를 알아주는 '귀 명창'들이라고 했던가. 위대한 식재료를 지키는 것 역시 자연의 원초적인 맛을 알아주는 소비자의 건강한 입맛이다.

이 취재를 한 몇 년 후, 인터넷으로 명란젓을 검색하다가 화학적 첨가물을 일체 넣지 않는다는 업체의 제품을 새로 발견했다. 속초에 위치한 대청젓갈이라는 업체이다. 판매 사이트(http://www.dcjg.kr)를 보면, 이 업체는 명란젓, 가자미식해, 창란젓, 오징어젓, 이렇게 네 가지만 취급한다. 이 중 화학적 첨가물을 일체 넣지 않았다는 제품은 백명란젓이다.

대청젓갈은 '백명란젓'과 그냥 '명란젓'(고춧가루 양념을 한 명란젓), 이 두 가지를 판다. 그런데 그냥 명란젓과 달리 백명란젓에는 '대청3무(無)명란'이라고 특별한 이름을 붙였다. 문구를 그대로 옮겨 보면 '인공 조미료, 색소, 방부제 등을 일체 사용하지 않는다'는 것이다. 색깔과 맛으로 보아 발색제와 화학조미료를 쓰지 않은 것은 분명해 보인다. 고결제를 따로 언급하지 않은 것이 약간 마음에 걸려 업체에 전화를 해 보았다. 그랬더니 고결제는 쓰지 않으며, 성분 표시에 써 놓은 대로 명란에 오로지 천일염, 설탕, 청주만 넣는다는 답변을 들었다. 명란젓의 상태로 보아서도 거짓말은 아닌 듯싶다.

깔끔한 백명란젓은 나처럼 발효를 원하는 사람에게는 또 다른 유리한 점이 있다. 흔히 명란젓은 냉동실에 두고 먹는다. 꺼내어 살짝 녹기 시작하여 셔벗 같은 명란젓을 좋아하는 사람도 꽤 많다. 아침바다의 명란젓이나 대청젓갈의 백명란젓은 냉동실 보관에 편리하도록 한 번 먹을 만큼씩 비닐에 포장되어 있다.

그런데 발효된 맛을 원하는 나는 이를 김치냉장고나 냉장실의 맨 안쪽 차가운 곳에 보관한다. 물론 비닐에서 다 꺼내 병에 꼭꼭 눌러 담고, 맨 위에도 공기가 통하지 않고 비닐을 덮어 꼭꼭 눌러 놓는다. 그 상태에서 한 달 넘게 김치냉장고에 두면 아주 천천히 발효가 진행된다. 맨 위에는 하얗고 끈적끈적한 것이 생기고, 알은 더 단단해진다. 맛도 살짝 발효된 젓갈 맛을 낸다.

이렇게 집에서 더 발효를 하려면 양념한 명란젓은 적합하지 않다. 아무래도 고춧가루는 오래 묵으면 맛이 없어지기 때문이다. 깔끔한 백명란젓이어야만 군 맛 없이 제대로 발효를 할 수가 있다.

새콤달콤
우리 땅이 준
후식

5

딸기

진짜 노지에서 키운
제철 딸기

딸기의 제철은 대체 언제인가?

생각지도 않은 통화였다. 그동안 건강한 제철 식재료 이야기를 할 기회가 있으면, 여기저기에다가 하우스 딸기 아닌 '제철 노지 딸기'를 먹고 싶다고 떠들고 다닌 게 꽤 오래전부터이다. 그런데 『농민신문』의 내 글을 본 독자 한 분이 전화를 하신 것이다. 요지인즉슨, 자신은 딸기 농사를 짓는 사람인데 진짜 제철 딸기를 생산하니 놀러 오라는 것이었다. 경기도 파주 등원농장의 주인 아주머니였다.

불과 몇십 년 전만 해도 그저 옛이야기 속에나 나오던 '흰 눈 속의 딸기'는 이제 현실에서 범상한 일이 되어 버렸다. 흰 눈 펄펄 날리는 1월에 마치 제철이나 맞은 것처럼 노점상에서 함지박 가득가득 딸기를 쌓아 놓고 판다. 이 풍경을 처음 볼 때에는 꽤나 충격적이었다. 뽀드득뽀드득 눈 밟으며 다가가 값을 물어보니 5월 가격에 비해 크게 비싸지도 않았다. 게다가 굵은 크기의 딸기가 맛도 꽤 달았다. 가을부터 먹던 사과·배·감이 지루해질 무렵 예쁘고 싱싱한 딸기라니, 이 얼마나 매혹적인가.

그러나 마음은 참 복잡했다. 새로운 농업 기술에 대한 감탄이 먼저였지만, 다른 한편에는 철을 거스르며 키우려니 농약이나 비료를 더 많이 쓰지 않았을까 하는 걱정이 드는 것은 당연한 일이었다. 그뿐이랴. 농민들은 돈 들어 비닐하우스를 지어야 했을 테고, 거기에 비싼 기름을 때면서 온도를 맞춰야 했을 것이다. 그런데 이렇게 싸게 팔다니, 이래서야 어떻게 수지를 맞출까 하는 안타까움에 한숨까지 나왔다.

겨울에 딸기가 나오기 시작하면서 제철 딸기는 슬슬 자취를 감추었다. 그래서 이제 사람들은 거의 딸기의 제철을 잊었다. 원래 딸기의 제철은 5월 하순부터 6월까지다. 그런데 요즘은 5월 초순이 되면 딸기가 사라진다.

그래서 나는 봄에 과일 가게를 지나다닐 때마다 늘 고민스러웠다. 가능하면 제철 식재료를 사자는 게 내 신조이다. 소비자가 자꾸 제철이 아닌 비싼 식재료를 살수록 생산자 역시 철을 거스르며 생산을 하게 되기 때문이다. 식물이 가장 건강할 수 있는 계절에 자라 생산한 농산물이야말로 농약도 덜치고 가격도 싸며 맛도 진하다. 하지만 먹음직스러운 딸기가 사람을 유혹하는데 나라도 마음이 흔들리지 않을 수 있겠는가. 완전히 제철인 노지 딸기를 기다려 봤자 그때엔 가게에 나오는 딸기가 없다. 그러니 노지는 포기한다 하더라도, 가능한 한 제철에 근접한 딸기를 먹어야겠다고 마음먹었다. 겨울부터 4월까지 과일 가게 앞을 꾹 참고 지나가기를 몇 달 계속하다가 결국 딸기 철을 놓쳐 버리기도 했다.

도대체 누굴 위해서 겨울에 딸기를 생산하고 사 먹어야 하는 걸까. 한정된 땅에서 긴 기간 생산하려면 시설 재배가 유리할 것이다. 하지만 그 이유 때문일까. 비단 딸기만이 아니다. 멋쟁이들은 봄에 여전히 날이 쌀쌀한데도 반팔을 입고 나서고, 겨울에는 여전히 프렌치코트 정도로도 버틸 수 있는 날씨이건만 철 이르게 모피를 걸치고 나온다. 약간 계절에 뒤처지는 옷을 입으면 참 '없어 보인다'. 모든 소비에서 남들보다 조금 앞서가고 싶은 조급증이 분명히 있음을 인정할 수밖에 없다.

먹을거리도 그랬을 것이다. 겨울 딸기가 비싸고 귀한 취급을 받으니, 사 먹을 때에도 귀한 과일을 먹는 듯한 만족감이 있다. 값이 비싸니 생산자들은 너도나도 생산하게 되었는데, 차차 공급이 늘어나다 보니 값은 점점 떨어졌으리라. 참 허망하다. 이게 뭔 짓일까 싶고, 그냥 노지에서 제철에 딸기를 키우고 싶다는 생각을 하는 농민이 없을 리 없다. 하지만 기껏 키운 딸기를 싸구려 취급 받는 끝물에 내놓는 어리석은 짓을 감행하긴 힘들 것이다. 그러니 도시의 소비자들은 제철 딸기를 먹고 싶어도 사 먹을 곳이 없게 되어 버린 게 아닐까.

향 짙고 맛있는 딸기, "이런 맛 처음이야!"

파주 뇌조리의 등원농장을 찾아가는 마음은 다소 조마조마했다. 화학 비료와 농약을 쓰지 않고 옛날 방식으로 노지에서 딸기를 재배한다고 주인 입으로 말했으니 그건 믿어도 되리라. 하지만 혹시나 맛이 없으면 어쩌나 하는 걱정이 들었다.

이천 시골에 살 때 우리 텃밭에도 딸기를 심었더랬다. 그냥 내버려 두어도 저절로 순이 뻗어 나가 새끼를 치고 잘 자랐다. 딸기 산지로 유명한 논산에서 딸기 축제를 하는 때가 4월 초인데, 우리 밭에서는 그때 겨우 새순이 올라왔다. 4월 말과 5월 초에 꽃이 피었고, 6월이나 되어서야 딸기는 익었다. 그 딸기 맛은 아주 진했다. 무엇보다 딸기 특유의 향이 비닐하우스 딸기의 몇 배는 된다고 자부할 수 있다. 그러나 맛은 확실히 덜 달고 시었다. 하지만 이 맛에 길이 들자, 입맛

까다로운 남편은 5월 초순까지는 딸기를 사 먹지 않았다. 어쩌다 초봄에 딸기를 사다 주면 "무슨 딸기가 아무 향이 없어? 무화과도 아니고 말야."라고 독설을 해댔다.

하지만 이건 식재료의 독특한 향취를 즐기는 남편 같은 사람이나 할 수 있는 말이다. 사람들은 오히려 겨울 딸기가 맛있다고들 한다. 옛날에는 딸기가 신맛이 강해 설탕을 찍어 먹을 정도였는데, 이제는 그런 신 딸기는 먹지 않는다고 말이다. 겨울에 내놓는 시설 재배 딸기는 시지 않고 달아서 맛이 있다고들 했다. '제 눈에 안경'이라고 자기 입에서 맛있다니 할 말이 없긴 하다. 하지만 그건 오로지 단맛에만 기준을 둔 것이다. 진짜 딸기 향이 어땠는지 다 잊어버린 것이다. 향까지 생각한다면 절대로 제철 딸기를 잊을 수 없지만, 그래도 단맛을 밝히는 요즘 식성에 맞지 않을까 걱정이었다.

그러나 쓸데없는 걱정이었다. 등원농장의 2000평 딸기밭에 주렁주렁 달린 딸기는 씨 색깔이 노랗고 탱탱하여 딸기 전체에서 금적색(金赤色)을 풍겼다. 이런 색은 겨울 딸기에서는 나오지 않는다. 그냥 맑고 선명한 빨간색이라고나 할까. 그런데 제철 딸기는 씨가 단단하게 여물면서 노란 기운이 강해져 금적색을 띤다. 직접 손으로 따서 한 입 베어 물었다. 와! 입에서 딸기 향이 확 퍼지는데 심지어 달기까지 하다. 당도가 웬만한 시설 재배에서 나온 겨울 딸기보다 훨씬 높았다. 이

제철에 햇볕과 바람을 맞으며 제대로 자란 노지 딸기는 유난히 씨가 노랗고
옹골지다. 이쯤 돼야 딸기는 향과 맛을 제대로 지니게 된다.

정도 당도라면 절대로 시다는 말을 할 수가 없다. 신맛과 단맛이 적절하게 어우러진, 아주 조화로운 딸기 맛이었던 것이다. 이럴 때 흔히 "바로 이 맛이야!"라고 말하게 되지만, 정확하게 말하면 "이런 맛은 처음이야!"라고 하는 것이 옳다. 예전에 먹던 노지 딸기에서도 이렇게 달고 맛있는 딸기는 거의 먹어 보지 못했고, 설사 먹어 보았다 하더라도 완전히 잊어버렸던 맛이기 때문이다.

비닐도 없이 키운 딸기

등원농장의 이병도 대표는 대를 이어 딸기 농사를 짓는 '딸기 전문가'였다. 선친은 일산에서 딸기 농사를 지었다. 이 말을 듣고 보니, 경기도 북쪽 지역이 유명한 딸기 산지였음이 어렴풋이 떠올랐다. 1970년대까지만 해도 과일 밭은 젊은 연인들의 데이트 코스였다. 서울에서 멀지 않은 곳이나마 기차를 타고 야외로 나가는 기분을 냈다. 가을이면 서울 공릉동 부근 먹골의 배밭에 갔다. 그 부근에 캠퍼스가 있던 서울대 공과대에서는 흔히 '배밭 미팅'까지 했다. 여름이면 안양 포도밭이 제격이다. 안양이 개발되어 도시가 되고 나서 포도 산지는 안성으로 옮겨 갔지만 일제강점기부터 오랫동안 '포도' 하면 안양이었다. 그리고 봄에는 딸기밭이다. 수원으로 가기도 했지만, 제일 만만한 곳이 경기도 장흥군의 일영이었다. 지금의 중노년 중에는 교외선 기차를 타고 일영 딸기밭을 가던 기억을 가진 사람들이 적지 않다.

1989년 일산 신도시가 개발되면서 그는 이곳 파주로 옮겨왔다. 한때 농사를 그만두고 서점을 운영하기도 했지만 결국 다시 딸기 농사로 돌아왔다. 하지만 그냥 되돌아온 것만은 아니었다. 세상이 달라졌는데 옛날식 노지 딸기를, 그것도 화학 비료나 농약을 쓰지 않고 친환경으로 지었다. 그는 이제 주변에서 '미친 사람' 소리를 듣는 농사꾼이 되었다.

텃밭이라도 조금 가꿔 본 사람이라면 그의 밭을 보는 즉시 그 이유를 알 것이다. 그의 딸기밭은 그 흔한 비닐 멀칭(mulching)도 하지 않았으니 말이다. 흙 표면에 비닐을 덮고 구멍을 뚫어 작물을 심는 비닐 멀칭으로 키우면, 잡풀이 자라지 못해 관리가 편하다. 그래서 고추, 가지, 오이 등 많은 밭작물들을 다 이렇게 멀칭으로 덮은 밭에서 키운다. 그리고 멀칭 비닐 그 바깥쪽에서 솟아나오는 잡초들은 뽑고 발로 밟아 없애고 제초제를 뿌려서 제거하는 게 보통이다.

그런데 이병도 대표의 밭은 비닐이 아니라 짚으로 멀칭을 했다. 비닐 멀칭 방식은 농사짓기에는 편하지만 야기되는 문제가 많다. 우선 가을이면 폐비닐로 농촌이 몸살을 한다. 따로 모아 수거해야 하지만 많은 농민들이 그저 밭 한 구석에서 태워 버린다. 나쁜 연기가 마을을 뒤덮는 것이다. 그래서 비

농약을 쓰지 않으니 밭에 거미가 많다. 이 거미들은 날파리들을 잡아먹는 고마운 놈들이다.

닐 대신 신문지 같은 버리는 종이로 멀칭을 하자는 사람들도 있지만 그 쓰레기 역시 만만치 않고, 신문지처럼 사이즈가 큰 종이를 구하는 것도 쉬운 일은 아니다. 그 역시 멀칭 비닐처럼 새것을 구입해야 한다면 비용도 만만치 않을 것이다.

이병도 대표는 비닐이든 뭐든 뭔가 공기가 잘 안 통하는 것을 덮는 것 자체가 나쁘다고 주장한다. 비닐을 씌우면 흙에 통풍이 잘 안 되어 유해 곰팡이가 피기 쉽고, 그 결과 농약 없이 키우기가 더 힘들어진다는 것이다. 게다가 잡초도 적당히 자라고 손으로 뽑아 주는 일을 반복해야 잡초 뿌리 덕분에 흙이 부스러지며 새 공기가 들어갈 수 있다. 식물에도 통풍은 매우 중요하다. 하지만 흙에 아무것도 덮지 않고 키우는 것은 불가능하다. 잡초가 너무 빨리 자랄 뿐 아니라, 익은 딸기가 흙에 닿아 쉽게 상하기 때문이다. 가장 좋은 선택은 짚으로 덮는 것이다. 잡초의 빠른 생장을 어느 정도 억제하면서 통풍이 잘 되고, 주렁주렁 달리는 딸기도 보호해 줄 수 있다. 그러나 비닐 멀칭 방식에 비해서는 잡초가 많아 일일이 손으로 김을 매야 한다. 당연히 제초제를 비롯한 농약, 성장 촉진제, 화학 비료 등은 쓰지 않는다. 그런데도 무농약·유기농 인증은 받지 못했단다. 바로 옆집 농민이 농약을 쓰기 때문이다. 인증은 없지만 옆집과는 거리가 좀 있어서 날아오는 농약은 별로 없으니 안심하라는 말을 덧붙였다.

밭을 들여다보니 흙은 건강하게 푹신푹신했고, 거미와 벌레들이 바쁘게 돌아다녔다. 거미는 날파리나 하루살이 등을 잡아먹으니 고마운 놈들이란다. 나는 그 밭을 보고 감탄을 하면서도 한숨이 절로 나왔다. 이 정도로 잡초를 없애려면 날이 더워진 최근까지도 김을 맸을 것이 분명했다. 딸기 수확 후인 한여름에도 낮은 땅에 구부려 뜨거운 지열을 고스란히 견디면서 김매고 새순 정리를 해 주어야 한다. 그래야 다음 해에도 제대로 딸기 구경을 해 볼 수 있다. 그는 그게 당연하다고 생각하고 있었다.

그리고는 한마디 덧붙였다. "비닐 멀칭만 하면 좀 낫지. 요즘은 고설 재배까지 하니……." '고설(高設) 재배'란 딸기를 높게 키우는 방식이다. 딸기는 키가 낮아 농민들이 계속 쭈그리고 앉아서 오리걸음 하듯 움직이며 작업을 해야 하니 힘이 많이 들고 작업 속도도 느리다. 그래서 관리 편의를 위해 지상 1미터 위치로 긴 화분 같은 것을 만드는 방식으로 밭을 높이 올려놓고, 배양토와 양액(養液)으로 키우는 것이 고설 재배이다. 그는 이런 고설 재배 방식의 딸기를 한마디로 '공장 딸기'라며 날려 버렸다.

"택배는 불가능해요."

퇴비와 유산균 등으로 화학 비료와 농약을 대신하는 법을 터득하느라 몇 년 고생했고, 지금도 딸기 철이 다 지나간 후에 출하가 되어 제대로 판로를 잡지 못하지만, 그는 확신이 있다고 한다. 그것은 다름 아닌 '탁월한 맛'이다. 1980년대 아버지가 그의 이름을 붙여 '병도딸기'라는 이름으로 생산하던 딸기는 꽤 유명해서 한양유통과 쁘렝땅백화점에 납품을 했었다. 그만큼 맛과 향이 뛰어났다는 것이다. 지금도 그의 딸기는 한 번 맛을 본 사람들을 다시 불러들인다. 그의 딸기 대부분은 농장에서 직접 소매로 판다. 주변 공장에서 직원 간식용으로 사 가는 양도 꽤 많단다.

취재를 하는 짧은 시간 안에도, 지나가던 우편배달부가 오토바이를 세우고 "퇴근 때 사갈 테니, 제 것 좀 남겨 놓아 주세요." 한다. 안주인은 구태여 마다하는 배달부에게 딸기 한 바구니를 안겨서 보낸다. 일단 많은 사람에게 맛을 보여 주려고 한단다. 노지 딸기는 시고 맛이 없다는 편견이 강해서, 시장의 소비자들은 거들떠보려고도 하지 않기 때문이다. 그러니 입소문을 타고 팔리는 게 훨씬 낫단다. 이렇게 소매 판매가 중요한데, 택배 판매를 하지 못하는 것은 참 아쉬운 일이다. 아무래도 택배로는 아기 피부 같은 딸기가 흠집 없이 배달되기를 기대하긴 힘들다. 온갖 과일을 다 택배로 파는 요즘에는 딸기 택배 판매를 하는 업체가 없진 않다. 하지만 소비자에게 물크러졌다는 항의가 가장 많이 날아오는 과일이 딸기이다. 게다가 노지 딸기가 나오는 계절에는 그조차 불가능하다. 날이 더워져서 제철 딸기는 바로 물러 버리기 때문이다. 그냥 소매로 파는 수밖에 없다.

팔고 남은 딸기는 잼을 만들어 판다. 보통 전문가들은 딸기 잼을 맛있게 만들려면 딸기 잼에 레몬즙을 섞으라고 권한다. 요즘 딸기가 그저 달고 싱겁기 때문이다. 하지만 이 딸기는 워낙 맛이 진해서, 그저 설탕만 넣고 천천히 끓이니 새콤달콤하고 향취 높은 딸기 잼이 되었다. 물론 공장제 딸기 잼처럼 한천 같은 것은 하나도 들어 있지 않은, 진짜 딸기 잼 말이다.

261

취재, 그 후

이 글이 신문에 실리고 난 그날, 내 이메일 박스는 난리가 났다. 신문사의 내 담당 기자 전화통도 불이 났단다. 일간지 수록 글에는 홍보 시비가 있을 수 있어서 등원농장의 전화번호를 노출하지 않았다. 그랬더니 글을 읽은 독자들이 직접 전화나 이메일로 '노지 딸기 파는 농장, 연락처를 좀 가르쳐 주세요.'라며 일제히 질문을 보낸 것이다. '위대한 식재료' 연재 중 가장 많은 문의를 받은 경우였다.

그만큼 노지 딸기에 대한 그리움이 컸다는 의미일 것이다. 사람들이 겉으로 드러내지 않았을 뿐이다. '글을 읽다 보니 입에 침이 고여 견딜 수가 없다.', '며느리가 귀한 첫 손주를 임신했는데 한 번 먹여 주고 싶다.' 등 사연도 가지가지였다.

나는 취재 날 가져온 딸기를 다 먹어 치워 얼마 후에 다시 파주로 향했다. 신문에 글이 실리고, 2~3일쯤 지난 후였을 것이다. 정말 깜짝 놀랐다. 사람들이 줄을 서서 딸기를 사고 있었고, 직원도 없이 밭을 돌보던 이병도 대표 부부는 하도 정신이 없어 거의 '멘붕' 상태였다. 충남이나 전북에서까지 차를 몰고 딸기 한 바구니를 사러 오시는 분들이 있었단다. 그런데 하루에 생산되는 물량이 많지 않아 빈손으로 돌려보낸 적도 있고, 덜 익은 딸기를 미안해하면서 들려 보낸 적도 있다는 것이다.

제철 노지 딸기는 맛을 안 봤으면 모르되 알면 모른 체할 수가 없다.

이후 나는 초여름에 챙겨야 할 일이 하나 더 생겼다. 해마다 6월 초가 되면 딸기 생각이 나는 것이다. 다행히 은평구 불광동인 우리 집에서 그리 멀지 않다. 5월 말쯤 전화를 걸어 딸기 익어 가는 상태를 여쭈어 보고 적당한 시간에 차를 몰고 딸기를 사러 간다. 맛을 안 봤으면 모르되 이 맛을 안 이상 어찌 이걸 모른 체 한단 말인가.

신문에 난 덕분에 그들이 부자가 되었을 것이라 생각하는가? 아니다. 두 명의 노동력으로 감당할 수 있는 규모란 뻔하다. 규모를 늘릴 수 없으니 매출도 뻔하다. 게다가 어느 해에는 전혀 생산을 하지 못하기도 했다. 딸기가 병에 걸렸는데 농약을 쓰지 않으니 그냥 그해 농사는 접었단다. 또 어느 해에는 냉해를 입어 농사를 망쳤다. 노지에서 짓는 농사는 인위적으로 할 수 있는 것에서 한계가 있는 것이다. 그래도 희한하게 이 부부는 이런 힘든 노릇을 멈추려 하지 않는다. 마음이 안되기는 했지만 그래도 이 맛있는 노지 딸기를 조금 더 먹을 수 있어 다행이다 하는 생각이 바로 들었으니, 내 입맛도 참 이기적이다 싶었다.

택배 판매를 하지 않는 이곳의 딸기는 직접 찾아가야만 구입할 수 있다. 주소는 **파주시 조리읍 뇌조리 182-6**이다. 내비게이션의 힘을 빌면 찾기가 그리 어렵지는 않다.

그런데 무작정 찾아가면 낭패 보기 쉽다. 제철 노지 딸기는 출하 기간이 그리 길지 않다. 종자도 '육보' 딱 하나만을 재배한다. 제철 노지 재배에 가장 적합하고 맛도 가장 좋기 때문이란다. 게다가 본문에서 이야기했듯이 농사를 망쳐 버린 해도 있다. 그러므로 반드시 전화로 딸기가 있는지 확인하고 방문해야 한다. 전화번호는 **031-941-3608**, 안주인인 윤능자 씨의 휴대전화번호는 **010-2361-3926**이다.

블루베리

우리 땅에서 자란
생과 블루베리의 맛과 향

먹을수록 궁금한 블루베리의 맛

아하, 이게 무슨 맛일까? 오디 맛에 까마중 맛을 더한 것? 그러나 조금 더 달고 '과일스러운' 맛! 십 년 전쯤 내가 블루베리를 처음 맛볼 때의 느낌이 이런 것이었다. 화단가에 널려 있던 잡풀의 열매 까마중의 맛이 뭐 그리 대단하랴. 그저 밍밍한 시큼한 맛에 독특한 풀냄새 같은 향이 있을 뿐이다. 오디 역시 약간 들척지근하지만, 그리 맛있다고는 할 수 없다. 블루베리는 그보다 훨씬 당도가 높아 맛있지만 맛이 진한 사과, 배, 복숭아에 비하면 다소 밍밍한 단맛이다. 그런데 그 밍밍한 단맛이 희한하게도 자꾸 사람 손을 이끌었다.

물론 내가 먹어 본 것은 수입산 냉동 블루베리였다. 그나마 사 먹기가 쉽진 않았다. 블루베리가 건강에 엄청나게 좋은 과일이라는 소문으로 붐이 일기 시작했지만, 초기에는 수입산 냉동 과일 중 좀 비싼 편이었다. 아무리 몸에 좋다손 치더라도 수입 냉동 과일을 이 가격에 먹어야 하나 싶어서 거의 사 먹지 않았다. 미국산 블루베리에 농약 성분이 많다는 미국 언론의 보도를 보고서는 찜찜함이 더 짙어졌다. 물론 그 기사는 미국에서 시판되는 블루베리를 기준으로 한 것이긴 하지만, 수출용이라면 더하면 더했지 덜하지는 않을 듯했다. 게다가 냉동 블루베리는 씻어 먹을 수 없지 않은가. 비싼 값에 움찔했던 손이 더욱 움츠러들었다.

그리고 한두 해쯤 지나서였던가. 친환경 매장에서 국산 생 블루베리를 발견했다. 당연히 내 눈이 먼저 닿은 곳은 친환경 인증 마크였다. 그런데 이후 농협의 하나로마트 같은 곳에서도 국산 블루베리를 발견했는데, 놀랍게도 국산 블루베리는 다 무농약이나 유기농 인증을 받은 것들이었다. 일단 반가웠다. 그러나 가격이 어마어마했다. 당시 수입산 냉동 블루베리도 1킬로그램에 1만 원이 넘어 사기가 망설여졌는데, 국산 생과는 3~5만 원이니 서너 배가 넘는 가격이었다. 손댈 엄두가 나지 않았다. "그냥 오디나 복분자 먹으면 되지, 그것도 '베리'인데 뭐." 하며, 상대적으로 가격이 저렴한 오디·복분자 쪽으로 마음을 돌리곤 했다.

해가 갈수록 국산 블루베리가 흔해지는 게 눈에 보였다. 꽃집에서도 블루베리 화분을 많이 팔았다. 블루베리가 매력적인 과일임이 분명해진 셈이다. 블루베리가 소개된 이후 항산화 식품으로 온갖 '베리'류 과일이 소개되었다. 아로니아, 아사이베리, 블랙초크베리, 마키베리 등, 뭔 베리가 이토록 많을까 싶을 정도로 많이 소개되고 있다. 그런데 이런 베리 종류의 태반은 과일로 먹기에는 부적절하다. 너무 맛이 없기 때문이다. 몸에 좋다니 의무적으로 먹는 것이지 맛으로 먹는다고는 할 수 없다. 그러나 블루베리는 다르다. 오디와 복분자보다 더 맛있고 씨도 단단하지 않아 먹기 편하다. 게다가 항산화 물질이 오디와 복분자보다 훨씬 많다지 않는가. 값이 문제였는데, 이제 가격이 내리면서 국산 블루베리 대중화를 목전에 두고 있다는 느낌이 들었다. 블루베리에 대한 궁금증이 바짝 생겼고 농장을 찾아 나섰다.

인생 후반기를 블루베리와 함께

강원도 화천군 채향원을 찾은 것은 이런 한국 블루베리의 역사를 고스란히 들을 수 있다는 생각 때문이었다. 채향원은

맛이 진한 사과·배·복숭아에 비하자면 다소 밍밍한 블루베리의 단맛.
그 밍밍한 단맛이 묘하게 중독성이 있다.

블루베리가 생소한 과일이던 2006년부터 블루베리를 키워
온 '한국 블루베리 개척자' 몇 군데 중 하나이다.

차에서 내려 채향원에 들어선 순간 "어라, 이건 도시인 취
향인데!" 싶었다. 잔디와 화초가 잘 가꾸어진 정원, 화려하지
는 않지만 지은 지 십 년 안짝의 깨끗한 양옥, 이건 분명 농
가라기보다는 도시인의 '세컨드 하우스' 느낌이었다. 아니나
다를까, 채향원의 김응수 대표는 당시 서울에 일터를 가지고
있는 '절반 귀농자'였다. 이런 그가 강원도에서 최초, 우리나
라를 통틀어도 대여섯 번째쯤 되는 블루베리 재배의 선구자

였다니, 다소 의아했다.

"블루베리 개척자들은 모두 대도시에서 살던 사람, 그것도 외국에 자주 드나들던 사람이에요. 저도 1990년대 초, 일 때문에 러시아를 드나들 때 블루베리 나무를 처음 봤어요. 처음 보는 신기한 나무였는데 예쁘고 과실도 맛있더라고요." 김웅수 대표는 원래 대기업에서 오래 근무한 마케팅 전문가였고 해외 출장이 잦았다. 직장인들이 그렇듯 중년이 되면서 퇴직 후인 인생 후반기를 어떻게 보내야 할까 생각했고, 시골에서 제2의 인생을 보내야겠다고 마음먹고는 블루베리를 키워 볼 생각을 한 것이다. 대기업에서 대학 강단으로 직장을 옮긴 후 부지런히 블루베리 재배에 매달렸다. 마케팅 전문가 특유의 도전적 태도와 꼼꼼함이 발휘되었다. 외국을 드나들며 꼼꼼하게 재배 방법 등을 공부하고, 어렵사리 검역을 통과하며 묘목을 들여와 심기 시작했다. 그의 인생 후반기는 이렇게 블루베리와 동행하게 되었다.

실험 농장이 아닌 골병 농장

채향원은 그냥 과실을 재배하고 판매하는 곳이라고 하기에는 설명이 좀 부족하다. 블루베리와 관련된 온갖 실험을 하는 곳이라고 하는 편이 더 적확했다. 그럴 수밖에 없었다. 우리나라에서 살아 보지 않은 새로운 생물체를 들여온 것이니, 어떤 것이 적응하고 살아남는지, 어떻게 키워야 하는지에 대한 노하우가 전혀 없는 상태였기 때문이다.

블루베리의 품종은 무려 350여 종이다. 그중에서 강원도 화천처럼 다소 추운 곳에서도 키울 수 있는 '북부종' 60여 품종을 들여다 키웠고, 그중 10여 개 품종만 적합하다는 결론을 얻었다. 노지에도 심어 보고 대형 화분에도 심어 보고, 거름주기와 가지치기, 물주기 등 어느 하나 실험이 아닌 것이 없었다. 그 시행착오는 오죽했으랴.

김 대표는 오히려 자신이 농사 경험이 없어서 망하지 않은 것이라고 했다. 외국에서 사 온 책을 읽으며 거기에서 추천하는 교과서적인 재배 방법을 고스란히 따랐다. 농사를 잘 몰랐으니 사소한 것까지도 정말 조심조심 실험을 했다. 그러다 보니 완전히 망해 버리는 실패는 하지 않았던 것이다.

그에 비해 베테랑 농민들은 여태껏 키우던 과수 작물에 준해서 재배하는 경우가 많다. 책을 참고하더라도 자신들의 경험에 비추어 당연하다고 생각하는 것은 그대로 유지하게 마련이다. 그러다가 나무가 모두 말라죽고 얼어 죽는 등의 실패를 하는 경우가 종종 있다는 것이다. 예컨대 한국에 정착한 과일나무들과 물을 주는 시기가 완전히 다른 경우가 있는데, 베테랑 농민들일수록 이런 것을 모르거나 무시해 버리기 일쑤였다는 것이다.

김 대표는 60여 종 블루베리의 재배 과정을 관찰하며 노트에 꼼꼼히 기록했다. 그러다 보니 해가 거듭할수록 성공과 패배의 원인, 여러 변수에 따라 식물의 생장과 열매의 품질 등이 어떻게 달라지는지 분명히 알게 됐다. 이렇게 꼼꼼히 관찰하고 성패 원인 분석을 거듭했으니 '실험 농장'이 아니라 징글징글한 '골병 농장'이라며 그는 웃었다.

품종에 따라 맛과 향이 다르네!

5분 전에 수확한 블루베리라며 내놓았다. 싱싱한 포도 알이 그러하듯 껍질에 하얀 분이 많이 묻어 있다. 입에 넣어 보았다. 와, 이건 수입산 냉동 블루베리와는 맛이 전혀 다르다. 새콤한 맛이 있고 과일 특유의 신선한 향이 살아 있었다. 게다가 대여섯 개를 연달아 집어먹었는데 그것 모두 맛이 달랐다. 익은 정도에 따라 맛이 달라지는 것은 물론이지만, 품종별로도 맛이 다 다르단다. 내 눈에는 다 비슷비슷해 보이는 알들을 "이건 스파르탄, 이건 듀크……" 하며 주인은 품종별로 골라 준다.

블루베리는 빨리 자라는 식물이다. 묘목 심은 지 3년이면 수확할 수 있단다. 왜 그토록 빨리 블루베리 값이 떨어졌는지 이해가 됐다. 초기에 비싼 과일이라고 농가들이 너도나도 심었을 테고, 3년 후부터 수확하기 시작했으니 생산량이 급

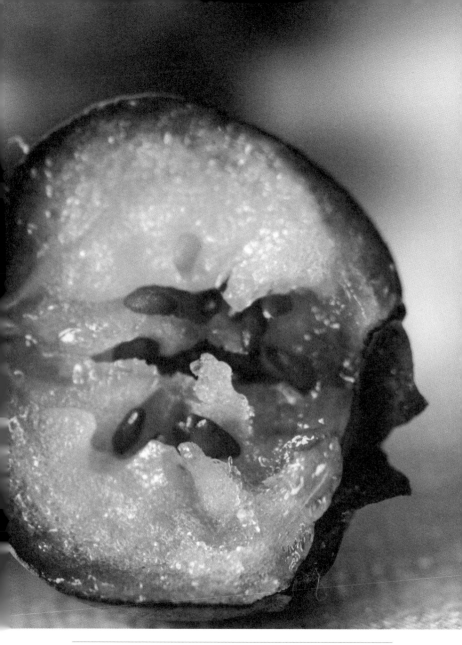

새콤한 맛과 신선한 향이 살아 있는 블루베리 생과의 맛은 냉동 블루베리가
따라갈 수 없다. 잘라 보면 씨가 많고 탱탱하다.

격히 늘어난 것이다. 아마 앞으로는 국산 블루베리가 더 흔해질 것이며 값도 내려갈 것이다. 2006년 우리나라에서 처음으로 충청도에서 블루베리를 생산했을 때, 강남의 한 백화점에서 1킬로그램에 무려 24만 원(!)에 팔렸다. 금테 두른 과일이었던 셈이다. 김 대표도 2008년 첫 수확한 것을 8만원에 팔아 보았다. 하지만 '이건 너무 심하다'는 생각과, 앞으로 금세 값이 떨어질 것이라는 예측에 그다음 해에는 4만 원으로 인하했다. 2017년에는 킬로그램당 2만 5000원 정도에 팔고 있다. 2017년의 블루베리 가격은 1킬로그램에 2~3만 원 정도인데, 다소 질이 떨어지는 자잘한 것들은 1만 3000원~1만 5000원까지 팔기도 한다. 정말 많이 싸졌다.

우리 땅에서 자란 생과 블루베리의 경쟁력

김 대표는 블루베리 생과 시장은 비교적 유망하다고 내다봤다. 초창기에는 냉동 과일로 만족했지만, 소비가 늘어 소비자가 블루베리 맛을 섬세하게 감별하게 되면 분명히 생과의 맛을 즐기게 될 것이라고 확신했다. 물론 수입 블루베리도 생과가 있긴 하다. 하지만 수입한 생과는 값이 국내산과 거의 맞먹어 가격 경쟁력이 떨어진다.

냉동과와 생과의 가격 차이가 많이 나는 것은 난지 유통이 힘들어서일까? 그것만은 아니란다. 외국에서는 냉동할 블루베리를 기계로 수확한다. 그러나 생과로 팔 것은 일일이 손으로 따야 한다. 인건비가 훨씬 많이 들기 때문에 비쌀 수밖에 없다는 것이다. 그런데 바다 건너 멀리 수송하는 동안 아무리 냉장 수송을 잘한다고 하더라도 생과의 맛은 떨어진다. 그에 비해 국산 생과는 맛과 신선함이 살아 있는데 가격도 점점 저렴해지고 있으니, 생과 시장에서는 우위를 점할 수 있다는 것이 김 대표의 전망이다. 그러나 여전히 냉동 블루베리는 외국산이 워낙 싸서, 국내산이 '가격만으로는' 경쟁이 안 된다.

국산 블루베리가 경쟁력으로 내놓을 만한 또 한 가지는 수입산과 달리 농약을 쓰지 않는 건강한 식품이라는 점이다. 국내에서 생산되는 블루베리는 대부분 무농약이나 유기농이다. 친환경 전문 매장에서 파는 것만 그런 게 아니라, 그냥 일반 마트에서 파는 것들도 다 무농약 인증 표지가 붙어 있다. 그에 비해 수입된 블루베리는 대부분 농약을 써서 생산한 것이다. 왜 이런 차이가 나는지 물어보았더니 김 대표는 자신도 잘 모르겠다고 얘기한다. 미국 등 외국에서는 분명 농약을 쓰지 않으면 안 될 정도로 병충해를 겪는 식물인데, 우리나라에서는 농약을 치지 않아도 멀쩡하게 잘 자란다는 것이다. 김 대표는 블루베리가 들어온 지 얼마 안 되어 벌레들도 적응이 안 됐고 대량 생산의 농장 체제가 아니어서 아직 건강함을 유지하고 있는 것이 아닐까 짐작할 뿐이라고 말했다.

화학 약품을 전혀 쓰지 않는 '노케미족'이 생길 정도로 환경에 대한 관심이 폭증하는 요즘, 제대로 씻어 먹을 수도 없는 블루베리가 무농약·유기농이란 점은 매우 중요한 경쟁력 요소이다.

블루베리 와인에서 블루베리 쿠키까지, 블루베리 가공식품

하지만 김 대표는, 그래도 가격의 문제 역시 무시할 수 없으니 장기적으로 보아 가공식품을 개발해야 한다고 말했다. 마케팅 전문가다운 판단이다. 그래서 몇 년간의 실험을 통해 고급 블루베리 와인을 국내 최초로 출시했고, 블루베리 식초도 만들어 판다. 채향원에서는 블루베리 쿠키, 찐빵, 불고기 소스 등 여러 종류의 블루베리 가공품을 생산, 판매하고 있다. 쿠키와 찐빵은 화천 산천어 축제에 아빠를 따라와서 지루해하던 아이들에게 대인기를 얻었다. 농장과 와인·쿠키 만들기의 체험 프로그램도 적극적으로 운영하고 있다. 또 부근의 농가들을 결합해 블루베리비타민 등도 개발했다.

이러니 자연 속에서 호젓한 노년을 꿈꾸었던 김웅수 대표의 인생 후반전은 애초의 예상과는 달리 정신없이 바빠졌다. 그의 집 2층에는 옹기로 만든 독과 항아리를 스피커 울림통으로 이용한 오디오 시스템이 있다. 「다뉴브강의 잔 물결」 연주곡을 들려주었는데, 나무통 스피커와는 전혀 다른, 옹기만

이 낼 수 있는 중후한 울림의 음향이 바닥을 적시며 올라왔다. 하지만 사방에 스피커가 놓인 그 방 한가운데에는 온갖 블루베리 상품들을 전시하듯 펼쳐 놓았다. 이 좋은 오디오 앞에서 한가롭게 앉아 음악을 즐길 시간도 별로 없는 그의 생활을 한눈에 보여 주고 있었다. 누굴 탓하겠는가. 제품 개발, 실험, 마케팅의 전문가 기질을 놓아 버리지 못한 그의 성정 탓인 것을.

블루베리 와인은 맛있었다. 첫 맛은 가벼운 과일 향을 풍기면서, 뒤에는 묵직한 깊이를 간직하는 매력적인 와인이다. 블루베리 식초를 섞은 소스로 샐러드를 버무리고 맨 위에 블루베리 생과와 치즈를 얹었다. 향이 살아 있는 생과일 블루베리 샐러드, 거기에 곁들인 맛있는 와인 한 잔, 부러울 것 없는 밤이었다.

블루베리 생과는 매력적이다. 하지만 냉동도 나쁘지 않다. 대개의 과일은 냉동하면 맛이 현격하게 떨어져서 갈아먹는 것 외에는 그다지 선택할 방법이 없다. 하지만 블루베리만은 예외다. 온갖 과일을 다 얼려 먹어 봐도, 블루베리처럼 갈지 않고도 맛있게 먹을 수 있는 냉동 과일은 흔치 않다. 동글동글 얼어 있는 그 상태로 씹어 먹으면 마치 달지 않은 셔벗처럼 맛있다. 생과의 향은 사라졌지만 대신 신맛이 줄어들고 얼린 질감 덕분에 밍밍하다는

느낌도 상쇄된다. 나는 가능하면 제철 과일을 먹으려 노력하는데, 사과는 맛이 없어지고 온실에서 재배한 딸기와 참외는 사 먹고 싶지 않은 봄철에는 냉동 블루베리를 많이 먹게 된다.

인터넷 판매를 하는 블루베리 농장에서 직접 구입하는데, 봄이 무르익을 무렵부터 초여름까지 냉동 블루베리 가격이 점점 떨어진다. 농가의 입장에서는 햇과일이 나오기 전에 냉동고를 비워야 하기 때문일 것이다. 그러니 이때는 정말 국내산 냉동 블루베리를 사먹어야 할 때이다. 누이 좋고 매부 좋은 일 아니겠는가. 봄에는 블루베리 농장 몇 군데 사이트를 들락거려 보라. 할인가에 맛있는 블루베리를 사 먹을 수 있을 것이다.

포도

유기농 포도,
껍질째 먹어도 맛있다

포도는 초가을 과일

'내 고향 칠월은 청포도가 익어 가는 시절', 이육사의 유명한 시 「청포도」 때문일까. 사람들은 여름이 되자마자 포도를 기다린다. 하지만 나는 이 시의 '칠월'이 음력 7월이라 확신한다. 양력 7월은 포도 알이 달려 있을 뿐 '익어 가는 시절'이라 할 수는 없기 때문이다. 이육사가 살았던 시대에는 여전히 생일, 제사, 설 등 온갖 기념일을 음력으로 쇨 정도로 양력이 낯설고 불편했던 시대였다. 오죽하면 양력 1월 1일을 '왜(倭)설'

이라 불렀겠는가. 즉 일본이 갖고 들어와 우리에게 강요한 설이란 의미이다. 그러니 이 시의 '칠월'은 음력 7월, 즉 양력 8월 즈음으로 보는 게 무리가 아니지 않을까.

포도는 여름 과일로 선입견이 형성되어 있지만, 사실 여름의 끄트머리인 8월 중순 캠벨 포도로 시작하여 10월 중순 머루 포도까지 이어지니 초가을 과일이라 하는 편이 옳다. 생각해 보라. 해마다 추석 때 가장 맛있는 과일은 포도이지 않던가. 그냥 관습으로 사과와 배를 살 뿐이다. 그러나 성장 촉진제로 허우대만 멀쩡하게 키운 사과와 배는 그저 제수용이다. 과일 생산 농가의 입장에서는 추석 대목이 중요하겠지만, 소비자의 입맛으로는 추석의 사과와 배는 결코 맛있는 과일이 아니며 건강한 과일도 아니다. 괜히 값만 비싸다. 그러니 정작 식구끼리 먹는 과일은 포도이다. 전국의 포도 축제들도 대체로 8월 말부터 9월 중순 기간에 몰려 있다. 그때부터 진짜 포도 철이 시작된다는 의미이다.

다른 지역보다 늦은 9월 중하순에 포도 축제를 여는 동네가 있다. 거창군 웅양면이 그곳이다. 웅양은 일교차가 커서 사과와 포도 등 과일 농사를 주로 하는 곳인데, 특히 웅양의 송산마을은 포도 농가 전부가 무농약으로만 재배한다. (이 '송산'이란 지명은 경기도 화성의 포도산지인 '송산'과 자칫 헷갈리기 쉽다. 대개 '송산 포도 축제'라 하면 화성에서 열리는 축제를 지

칭한다. 거창 송산마을의 포도 축제 이름은 '거창 웅양 포도 축제'
이다.)

무농약 포도가 가능할까

농약을 치지 않고 키워 낸 포도, 이건 소비자 모두가 바라
는 것이다. 과일 중에서도 정말 물로 씻어 먹기 힘든 게 몇 가
지 있다. 여러 번 씻으면 바로 물러 버리는 딸기가 대표적이
고, 자잘한 알이 다닥다닥 붙어 있어 도대체 어떻게 씻어야
할지 난감한 포도도 그중 하나이다. 게다가 포도는 이렇게
잘 씻겼는지 알 수 없는 껍질에 입을 대고 먹는다. 사실 알맹
이보다 더 맛있는 것은 껍질 안쪽 보라색의 흐물거리는 것이
다. 포도 알을 깨물어 달착지근한 과일즙과 새콤한 알맹이가
입으로 들어올 때, 껍질을 그저 버리기가 참 아깝다. 농약 걱
정 없던 어릴 적에는 껍질을 조금 씹어서 맛있는 진국을 빨아
먹고 뱉었다. 그런데 어느 때부터인가 이렇게 먹는 게 부담스
러워졌다. 농약 걱정 때문이다.

하지만 일반 마트에서는 무농약이나 유기농 포도를 찾기
가 쉽지 않다. 그건 그만큼 무농약으로 키우기가 어렵다는
이야기이다. 오죽하면 '비 가림 포도'를 선전하겠는가. '비 가
림 포도'란 비닐하우스를 지어 비를 직접 맞히지 않고 키웠다
는 얘기이다. 바이러스 등 병충해가 빗물과 함께 내려오기 때

문에 비를 덜 맞으면 그만큼 병충해가 적다. 따라서 농약도 덜 쓸 수 있다. 그래서 '비 가림 포도'는 일반 포도에 비해 농약을 덜 쓴 포도라는 의미이다. 하지만 다른 한편으로 생각해 보면 비와 바람을 덜 맞기 때문에 포도에 살포한 농약이 덜 씻겨 내려갈 수 있지 않은가. 그러니 비 가림 포도도 찜찜하긴 마찬가지이다.

어쨌든 포도는 농약을 꽤 써야 키울 수 있는 작물이다. 그런데 마을 전체가 포도를 무농약으로 재배한다니 얼마나 반가운 일인가.

농민운동 한다며 귀향한 부부

웅양 송산마을이 무농약 지대가 된 것은 경남 유일의 유기농 포도 농가인 정쌍은포도원 덕분이다. 주인은 정쌍은과 임혜숙, 1957년생 동갑내기 부부이다. 대학에서 학생운동하며 만나 캠퍼스 커플이 되었고, 대학을 졸업하자마자 결혼하여 남편의 고향으로 귀농을 선택했다.

이들이 졸업할 당시 서울 지역 대학의 학생운동 출신들은 노동운동 쪽으로 많이 기울어 이른바 '위장 취업'의 형태로 공장에 들어갔지만 이들처럼 농촌으로 들어간 경우도 꽤 있었다. 특히 거창 출신들은 농촌으로 가지 않더라도, 자신의 고향으로 돌아가 일을 하겠다는 사람이 많았다. 내가 대

자잘한 알이 다닥다닥 붙어 있어 씻기도 난감한 포도. 껍질까지 입에 넣고 먹어야 하니 농약을 치지 않고 키워 낸 포도는 소비자 모두가 바라는 바이다.

학 때 알던 학생운동권의 한 친구는, 내가 "너는 졸업하고 어디로 가니?"라고 묻자 한 치의 망설임도 없이 "거창고등학교 교사!"라고 답했다. 노동운동 현장도 아니고 그렇다고 대기업도 아니고, 자기 출신 학교의 교사라니 다소 놀라웠다. 그는 자신이 말한 대로 고향인 거창으로 돌아가 역사 교사가 되었다. 경남 거창은 그런 동네였다. 전쟁 때 거창 양민 학살 사건을 겪으며, 경남 중에서 반골(!)들이 우글우글 하는 동네이다. 엄혹했던 박정희의 유신 시대나 전두환의 제5공화국 시절에도 거창고, 거창여고 교사들은 학생들에게 반골 기질을 은 근히 허락했다. 1990년대 이후 전국의 고등학교가 입시 학원과 다를 바 없이 바뀌며 대안 학교 붐이 시작될 때, 서울의 교육열 높은 학부모가 자녀들을 일부러 거창중고등학교에 보내는 경우가 많았다. 고1이 될 때까지 말 그대로 '열린 교육'을 받을 수 있었고 방학이면 눈 쌓인 산으로 올라가 토끼몰이를 하며 논다고 했다. 그러면서도 매해 서울대를 비롯한 명문대에 무수히 많은 학생들을 진학시킨다는 것이다. 반골 기질로 성장해 학생운동을 하며 기존 교육에 문제의식을 지닌 명문대 출신 졸업생들이 교사로 포진해 있었기 때문일 것이다.

옆길로 샌 이야기가 길어졌다. 정쌍은과 임혜숙 부부도 이렇게 농민운동을 하겠다며 거창으로 내려와 농사를 지었다. 당연히 농민회에서 핵심적인 일꾼으로 일했다.

이런 사고방식을 지닌 부부였으니 당연히 남들이 하지 않는 생태주의적인 친환경 농업을 먼저 시도했다. 어떤 계기로 무농약·유기농 농업을 하게 됐냐고 물어보았더니 당연한 답이 돌아왔다. "농민운동 하겠다고 내려왔으니 당연한 거잖아? 당연히 해야 하는 거라고 생각했어." 이 둘은 나에게는 학교 선배였고, 임혜숙은 학교 다니던 시절에 가끔 스치며 인사를 나누던 선배였으니 그냥 이렇게 편하게 말했다. 농민운동이란 게 그저 머리띠 두르고 투쟁만 외치는 일이 아니라, 농민과 농촌이 살고 전 국민과 인류와 지구가 함께 잘사는 길을 모색하는 일이다. 다른 농민에게 당연히 하던 이 질문이, 그들에게는 우문이었다.

완전 개폐식 비닐하우스와 잡초 밟는 거위

이들이 포도 농사를 시작한 것은 1990년대 중반이 다 되어서였다. 애초부터 관행농으로 할 생각을 하지는 않았지만 무작정 무농약이나 유기농을 시도할 수는 없었다. 처음에는 저농약 수준으로 키우다가, 몇 년 후 무농약으로 또 몇 년 후인 2000년대 들어서서는 유기농으로 업그레이드했다.

친환경 농업을 선택한 사람들이 다 겪은 일이지만 이들도 극성스러운 병충해에 참 많이 망해 먹었다. 여러 통로로 친환경 재배 노하우를 배우며 차츰 극복해 갔지만, 그동안 동네 사람들이 '언제쯤 망할까' 하는 걱정스런 표정으로 쳐다보는 시선을 견뎌야 했다.

이들이 가장 심혈을 기울인 것은 완전 개폐식 비닐하우스였다. 포도의 비닐하우스 재배는 두 가지 이유에서 하게 된다. 하나는 남들보다 빠른 시기에 출하해서 좀 비싼 값에 물건을 팔기 위해서, 다른 하나는 비를 가리기 위해서이다. 앞서 이야기했듯이 포도가 비를 맞으면 바이러스성 전염병인 노균병이 창궐하게 되기 때문이다. 문제는 비닐하우스를 만들어 놓으면 노지 재배의 장점을 기대하기 힘들다는 점이다.

햇빛도 비닐을 통해서만 들어오고 통풍도 옆 창문을 통해서 제한적으로만 이루어진다. 그래서 이 문제를 해결하기 위해 그들이 선택한 것이 '완전 개폐식' 비닐하우스이다. 즉 지붕을 완전히 열었다 닫았다 할 수 있는 형태의 비닐하우스를 만든 것이다. 비가 오지 않는 평상시에는 지붕을 완전히 열어 노지와 동일한 조건을 만들어 주고 비가 오면 지붕을 닫아 비를 막아 준다. 물론 돈이 많이 들었지만, 노지 재배의 장점과 비가림 재배의 장점을 모두 취하려면 어쩔 수 없었다.

유기농 재배이니 화학적 농약은 물론 화학 비료도 쓰지 않는다. 잡초가 나도 제초제는 한 방울도 쓰지 않는다. 여름에는 일일이 기계로 깎아 준다. 너무 손이 많이 가는 일이라, 이들은 거위를 키우고 있다. 마치 쌀농사를 지을 때 오리를 풀어 잡초를 제거하는 것처럼, 밭 사이로 거위들이 떼 지어 몰려다님으로써 초봄부터 5월까지 잡초를 짓밟아 제거한다. 임혜숙 씨는 거위를 보며 '겨울에 매일 밥 챙겨 주는 게 일'이라고 툴툴거렸지만, 그래도 족제비의 습격에도 씩씩하게 버텨 주는 거위들이 대견스럽다는 표정이다.

친환경 농업은 건강의 문제를 넘어 철학의 문제

이들 밭 주위에는 거위와 족제비만 있는 것이 아니다. 뱀, 두더지부터 새와 벌레에 이르기까지 함께 산다. 이들은 친환경 농업의 핵심은 단지 농약과 화학 비료를 쓰지 않는 문제가 아니라 자연의 순환을 해치지 않는 생태주의적 사고방식, 즉 철학의 문제라고 말했다. 보통 친환경 농산물을 원하는 사람들의 일차적인 관심은 유해한 화학 물질로부터 '나'의 건강을 지키는 일이다. 하지만 이것은 시작일 뿐이다. 오로지 '나'를 지키기 위한 생각에만 멈춰 자연의 순환 전체를 사고하는 것으로 나아가지 못하면 결국 그 문제는 '나'와 '내 후손'들에게 돌아온다. 임혜숙 씨는 이렇게 말했다. "사실 농약 치고 키운 포도 먹는다고 당장 죽는 거 아니잖아. 하지만 그런 방식으로 계속 가면 사람과 자연 전체가 다 망하는 거지. 이건 철학의 문제야."

온갖 생물들과 더불어 살며 먹이 피라미드를 살려 놓는 것, 그것이야말로 농약과 화학 비료에 의존하지 않는 길이라고 굳게 믿고 있다. 그래야 농사짓는 자신도 즐겁고, 나무도 거위도 뱀도 다 즐겁게 살며, 소비자도 즐겁게 소비할 수 있다는 것이다.

그러니 당연히 인위적인 호르몬제인 성장 촉진제는 쓰지 않는다. 흔히 소비자들은 방충·방역을 위한 농약만 생각할 뿐 호르몬제는 별로 생각지 않는 경우가 많다. 하지만 관행적인 과일 농사에서 호르몬제 사용은 아주 일반화되어 있다. 포도 역시 마찬가지이다. 성장 촉진제를 쓰면 포도 알이 고

갓 따온 거봉포도. 완전히 익어, 색깔이 마치 캠벨포도만큼 까맣다. 이쯤 되면
향취와 단맛이 상상초월이다.

르게 굵어지고 포도송이가 빡빡하게 먹음직스러워진다. 대신 포도 씨가 부실해지는 경우가 많다. 그런데 그것을 씨 없는 포도라 선전하면 더 잘 팔리기도 하니 판매에는 더 유리하다. 하지만 정쌍은포도원에서는 쓰지 않는다. 성장 촉진제를 사용한 과일이 인체에 유해한지 여부는 아직도 완전히 판명되지 않았지만, 하여튼 그와 무관하게 안 쓴단다. 왜냐고? 정쌍은 씨의 답은 간명했다. "그런 게 싫어요."

그래서 그들은 나무를 빨리 키울 수도 없고, 많이 수확할 수도 없다. 남들은 거봉 묘목 심은 지 2년이면 본격 생산이 되는데, 이들은 4년이나 걸린단다. 거름도 몇 년 전까지는 톱밥과 깻묵 등을 사다가 일일이 만들어서 썼다. 그의 집 '푸세식' 화장실 벽면에는 "똥통에는 똥오줌만. 휴지는 휴지통에. 포도에게 필요한 양식입니다."라고 쓰여 있다. 거름을 일일이 만들어 썼다는 의미이다. 이제는 너무 힘에 부쳐 돈이 들더라도 그냥 유기농 거름을 사다가 쓴단다. 이렇게 사는 그들이 유기농 인증을 받은 것은 어찌 보면 자연스러운 귀결이었다.

그래도 이들은 굶어 죽지 않고 살아남았다. 다행히 경남 지역의 생협에 납품할 수 있게 되면서였다. 이들이 살아남는 것을 보자 이웃들이 변했고, 결국 이들 부부가 유기농으로 업그레이드하던 즈음부터는 송산마을 전체가 무농약 지대가 되었다. 관행농 포도를 밭떼기로 팔던 것에 비해 생협에 납품

해서 소득이 1.5배로 늘어나니 이웃들도 선택하지 않을 이유가 없었다.

까맣게 잘 익은 거봉의 맛

그러나 뭐니뭐니 해도 나의 궁금증은 '맛'이다. 정말 관행농 포도와 맛이 다를까?

정쌍은 씨가 내놓은 포도를 보고 깜짝 놀랐다. 알의 크기로 보면 분명 거봉인데, 색깔은 캠벨 같은 검은 진보라색이다. 이 포도가 진짜 거봉? 이들의 설명은 이랬다.

거봉도 역시 완전히 익으면 진보라색이 나는 포도라는 것이다. 하지만 캠벨과 달리 신맛이 없는 종자이다. 그러니 열매에 붉은 빛이 돌며 맛이 들기 시작하면 바로 수확하는 경우가 많단다. 물론 더 충분히 익히면, 색이 검어지고 맛도 더 좋아진다. 하지만 미리 수확하는 것이 농가에는 더 유리하다. 덜 익은 과일은 과육이 단단하여 유통하는 동안 깨지거나 무르지 않으니 훨씬 편하다. 덜 익었으니 씨도 무르거나 별로 없으니 씨 없는 포도라고 팔기도 편하다. 이 정도만 익혀도 어느 정도 당도가 나오니 판매할 만한 것이다.

하지만 이유가 또 있다. 미성숙한 과일을 미리 따면 수확량이 많아진다는 것이다. 나무 하나가 열매를 성숙시킬 수 있는 총 에너지는 한계가 있단다. 즉 포도를 완전히 성숙시키려면 상당양의 포도를 미리 따 주어야 하는 것이다. 그렇지 않으면 열매가 제대로 자라지 않거나 나무 스스로 생산량을 줄이느라 애를 쓰게 된다. 그러니 미성숙한 포도를 미리 따면 나무는 남은 에너지로 다른 열매들을 숙성시킬 수 있어, 더 많은 양을 수확할 수 있다는 것이다. 당연히 농가의 수익이 늘어난다. 유통도 편하고 수익도 늘어나는데 농가로서는 이런 선택을 할 수밖에 없다. 성장 촉진제와 농약, 그리고 미성숙한 과일의 수확까지의 설명을 듣고 보니, 내가 늘 사먹던 푸르뎅뎅하고 씨도 없는 거봉이 어떻게 키워진 것인지 짐작이 되어 마음이 복잡해졌다.

까맣게 잘 익은 거봉은 맛이 어떨까? 한 알을 따서 입에 넣고 씹었다. 와! 이런 거봉 맛은 처음이다. 머루 포도 못잖게 강한 단맛에 향기도 좋았다. 사실 그동안 먹어 본 거봉은 달긴 하지만 향이 없는 포도라고 생각했는데, 미성숙한 과일이어서 그랬던 거다. 심지어 껍질까지 맛있다. 옆에 놓인 캠벨도 먹어 보았다. 거봉만큼 여태까지 먹어 본 것들과의 맛 차이가 큰 건 아니나, 이것 역시 완숙한 단맛과 포도 향이 강하다.

무엇보다 껍질 속의 맛있는 과즙을 함께 먹을 수 있으니 얼마나 좋은지 모르겠다. 껍질을 빨아먹으면서 농약 생각을 하지 않아도 되는 이 홀가분함이란! 이 정도면 값이 비싸도 택배로 사 먹겠다고 했더니만, 임혜숙 씨는 택배로는 친정 엄마한테도 못 보낸단다. 잘 뭉그러지는 완숙 과일이어서 택배는 사절이다. 자신들이 납품하는 생협을 이용하든가 직접 오든가, 둘 중의 하나란다. 못 말리는 배짱이다.

못 말리는 와이너리

이들은 '정쌍은와인'이라는 와인도 생산하고 있었다. 1년에 포도 2.5톤을 재료로 하여 2000병을 생산한단다. 웬만한 와인 생산 업체가 들으면 소꿉장난 한다고 할 정도다. 그들도 세상에서 가장 작은 와이너리일 것이라며 웃는다. 와이너리의 규모가 이토록 작은 것은 자신들이 생산한 유기농 포도로만 와인을 만들기 때문이다.

원재료인 포도가 유기농인 것뿐만 아니다. 정쌍은와인은 여러 면에서 색다르다. 살균제이자 산화 방지제인 아황산염(무수아황산), 포도 찌꺼기를 가라앉히는 화학적 침전제 등을 쓰지 않아 국내 최초로 유기 가공 인증을 받은 와인, 그건 어찌 보면 평범해 보이기도 한다. 이쯤 되면 다시 생각하게 된다. '그럼 여태까지 먹었던 포도주 대부분은 다 산화 방지제나 화학적 침전제를 쓴 것이었다는 말야?'라는 의구심이 드는 것이다. 의심스럽다면 포도주 병 뒤편에 작은 글씨로 쓰인 것들을 읽어 보라. 원재료인 '포도 원액' 이외에 '산화 방지제' 혹은 '무수아황산'이라고 쓰여 있을 것이다. 하긴, 그렇지 않

293

으면 어떻게 그 긴 기간 상온에서 변하지 않고 유지되겠는가. 정쌍은와인은 산화 방지제를 넣지 않아 상온에 두면 와인 표면에 가끔은 골마지가 피기도 한단다. 하지만 냉장고에 넣으면 골마지가 가라앉으니 별 문제가 없단다. 골마지가 살짝 생긴 김치를 먹어도 되는 것처럼 말이다.

산화 방지제뿐 아니라 침전제도 쓰지 않는다. 와인을 만들면 포도 원액에 섞여 있는 여러 찌꺼기 부유물들이 있는데 이를 침전제를 써서 가라앉혀 맑은 와인을 만드는 것이다. 그런데 이들은 숙성시키는 과정에서 그냥 4, 5회 옮겨 담기를 반복하면서 밑바닥에 가라앉은 침전물을 자연스럽게 분리한다. 정제를 위해서 쓰는 것은 참숯 정도이다. 남은 침전물은 모아서 포도나무의 거름을 만드는 데에 쓴다. 침전제를 써서 가라앉히면 이런 '리사이클링'을 할 수 없다.

못 말리는 이들 부부는 심지어 효모조차 인공적인 것을 쓰지 않는다. 보통의 술 만드는 공장에서는 인공적으로 배양된 효모를 쓴다. 청국장, 김치, 요구르트 등 발효 식품을 대량 생산하는 공장에서는 다 마찬가지이다. 그래야 발효 과정에서 실패가 없고 맛도 일정해진다. 그런데 이들은 인공적으로 배양된 효모를 넣지 않는다. 그러면 그냥 포도 껍질에 붙은 자연 상태의 효모로만 발효되는 것이다. 이것이 원초석인 와인 제조 방법인데, 발효가 잘못되거나 맛이 균질해지지 않을 위험이 있다. 그래서 다른 업체에서는 배양 효모를 쓰는 것이다. 자연 효모를 쓰면 마치 집에서 담근 김치처럼 해마다 맛이 조금씩 달라지는데, 이들은 그게 자연스러운 것이라고 생각한다. 그러다 만약 아주 맛이 없는 와인이 나온다면 어쩌나 싶기도 하여 물어보았다. 그냥 한 해 농사 망친 것이라 생각하고 다 식초를 만들어 버리면 그만이란다. 작은 규모이기 때문에 할 수 있는 무모한 짓이다.

이것이 끝이 아니다. 병에 넣은 후 열처리로 효모를 죽이는 공정도 하지 않는단다. 보통의 와인은 병에 넣은 후에 가열하여 효모를 모두 죽인 것이다. 그래야만 더 이상 발효가 진행되지 않으니 와인 맛이 유지된다. 효모를 모두 죽인 병맥주나 캔막걸리와 마찬가지다. 그런데 이들은 그저 3년 숙성한 와인을 병에 넣는 것으로 끝을 낸다. 그래서 정쌍은와인은 마치 생맥주나 생막걸리처럼, 효모가 살아 있는 생 와인이다. 반드시 냉장 보관을 하라고 권한다. 심지어 더운 데 오래 두면 발효가 진행되어 와인이 샐 수도 있다고 경고한다. 이 역시 못 말리는 배짱이다.

심지어 코르크 마개도 다르다. 자신들이 쓰는 마개는 부스러질 수도 있다고 경고한다. 부스러지지 않는 탄력 좋은 코르크 마개는 코르크에 화학적 접착제를 섞어 만들거나 코르크 모양만 흉내 낸 합성수지 제품이기 때문이다. 정말 처음부터 끝까지 집요하다. 이 정도 설명을 들으면, 이들이 만든 와인이 괜히 유기 가공식품 인증을 받은 게 아니다 싶다.

냉국과 샐러드에 환상적인 포도 식초

와인을 시음해 보았다. 원 재료로 캠벨 포도가 많이 들어가서 그런지 캠벨 특유의 향이 있고 보디감과 묵직한 향은 부족했다. 와인을 즐기는 사람들은 와인답지 않다고 생각할 수도 있고, 또 떫지 않고 가벼운 와인을 즐기는 사람들은 이것을 매력이라고 할 수도 있다. 이렇게 까다롭게 만든 와인으로서는 매우 저렴한 값이니, 건강하고 소박한 와인을 즐기고 싶은 사람들에게는 추천할 만하다.

이들은 발효를 더 진행시켜 포도 식초도 만든다. 식초에 포도즙을 섞은 포도 식초가 아니라, 진짜 포도를 발효시킨 식초 말이다. 양이 많지 않아 시판은 하지 않지만, 지인들에게 인기가 좋아 바로바로 동이 난다.

연갈색의 포도 식초는 향이 아주 뛰어났다. 감식초의 부담스러운 냄새 대신 깊은 와인 향이 흐른다. 약간의 가미를 하면 샐러드용 발삼 식초를 대신할 만하다. 집에 와서 조금 얼어 온 포도 식초로 오이 미역 냉국을 만들었는데, 향과 맛에서 다른 식초와는 비교가 되지 않았다. 나는 개인적으로 와인보다는 식초가 더 맛있었다.

다른 농장의 유기농 포도를 찾아서

친정 엄마한테라도 택배로는 못 보낸다니, 이 농원의 유기농 포도를 집에 앉아서 받아 보는 것은 기대하기 힘들다. 만약 경남에 거주한다면 경남 한살림에서 유기농 포도와 와인 등을 모두 구입할 수 있다. 그래도 껍질째 먹는 맛있는 포도 맛을 잊을 수가 없는데, 그때마다 거창에 내려갈 수도 없고 이걸 어쩐담! 나는 어쩔 수 없이 컴퓨터 앞에 앉아 '유기농 포도'를 검색어로 넣어 '폭풍 검색'을 했다. 한참을 손가락 품을 팔아 유기농으로 포도 농사를 짓는 농장 사이트를 찾을 수 있었다. 판매 사이트가 있는 곳은 다음과 같다.

강원도 춘천의 만나포도원은 캠벨과 거봉, 머루 포도 등을 유기농으로 재배하고, 산화 방지제를 넣지 않은 와인과 포도즙을 생산한다. 역시 강원도 영월의 여우농장은 계속 캠벨 포도를 유기농으로 생산해 판매한다. 팔도다이렉트 사이트에는 경북 김천에서 '자연 농법'(농약과 화학 비료 등을 쓰지 않는 것은 물론 과도한 밭 갈아엎기와 김매기 등도 하지 않는 농법)으로 키운 캠벨 포도를 팔고 있다. 유기농 포도로 인터넷 판매가 가장 활발한 곳은 전북 정읍의 '행복한 연두'라는 브랜드이다. 단일 농장이 아니라 부근의 여러 농장이 합심해서 생산·판매하는 곳으로 추측된다. 이곳은 외국에서 많이 키우는 흑바라도, 베니바라도 등 갈색의 아삭아삭한 포도부터 캠벨, 거봉, 머루 포도에 이르기까지 여러 품종을 판매한다. 수확 시기가 조금씩 다르니 당연히 판매 기간도 7월부터 10월까지 긴 편이다.

나는 이 중 행복한 연두, 여우농장, 팔도다이렉트의 물건을 사서 먹어 보았다. 정쌍은·임혜숙 부부의 농장에서 맛본 것보다는 약간 덜 맛있었다. 그것은 재배 방식의 차이 때문이 아니라 완숙의 정도 때문이 아닐까 싶다. 임혜숙 씨가 '친정 엄마한테도 못 보낸다.'고 한 것은 그만큼 완숙한 포도를 수확한다는 의미이다. 그런 완숙 포도는 장거리 택배에서는 아무리 잘 포장해도 깨질 수밖에 없다. 그래서 택배로 유기농 포도를 보내는 이들 농장에서는 거봉 포도를 완전히 까맣도록 익히지 않았고 보라색이 좀 남아 있는 상태의 것을 보내고 있다. 캠벨은 껍질 색으로는 큰 차이가 나지 않으나, 육질이 살짝 무를 정도로 완숙시키지는 못하였다. 하지만 그래도 설익은 것은 아니니, 포도송이를 일일이 에어캡(뽁뽁이)으로 싸고 또 싸서 보낸다.

일반적인 마트 물건과 비교하면 거봉 포도는 확연히 더 숙성시킨 것임을 한눈에 알 수 있다. 당연히 맛도 꽤 차이가 난다. 여우농장의 캠벨 포도는 완숙시켜 당도를 높였고 마트 물건들에 비해서 맛과 향의 차이가 크다. 배송 중에 무르는 것을 감수하고서라도 완숙시키겠다는 의지가 읽힌다.

유기농이니 껍질째 먹는 것이 좋다고 하는데, 아무래도 껍질째 먹기에는 거봉이 제일 좋다. 캠벨과 머루 포도는 껍질이 두꺼워서 껍질째 먹기가 그리 좋은 건 아니다. 껍질이 얇고 알맹이와 분리되지 않아 껍질째 먹을 수밖에 없는 흑바라도나 베니바라도는 당도에서 거봉보다는 떨어진다. 역시 껍질째 맛있게 먹으려면 거봉이 최고이다.

가격은 꽤 비싸다. 캠벨은 4킬로그램에 3만~3만 5000원, 거봉 등 나머지 품종은 4킬로그램에 4만 5000원 수준이다. 앞서 소개한 세 농장 중에서 가장 저렴한 곳은 여우농장이다. 이곳은 캠벨만 생산하며 완숙하여 수확하기 때문에 비교적 수확 시기가 늦은 편이다. 2017년 가격이 5킬로그램에 2만 5000원이니 유기농 포도치고는 꽤 저렴하다. 여우농장은 토마토, 감자, 오이고추 등도 유기농으로 농사를 짓는데, 이 역시 다른 곳에 비해 가격이 저렴하다.

해외 여행 사진도 남다른 사람들

정쌍은·임혜숙 부부처럼 처음부터 작정하고 유기농 농사를 주도하는 사람들은 뭐가 달라도 달랐다. 그들을 만나면 글을 쓰는 재료를 얻기 위해 뻔한 질문을 던져 보지만, 이런 사람들과는 생태적 농업이 왜 중요한지에 대해 그리 많은 이야기가 필요하지 않다. 이들에게는 생태주의는 머릿속의 근본을 이루는 사고방식이고 몸에 배어 있는 생활이기 때문이다.

나는 이들을 취재하기 위해 자료를 모으다 인터넷 카페에서 이들 부부의 포르투갈 여행 사진첩을 구경할 수 있었다. 흥미롭게도 사진의 태반이 관광지가 아니라 채소밭, 포도밭, 농기구, 와인 병, 야채 모종 등을 찍은 것이다. 식구들 선물도 안 챙기고, 강력 본드 섞지 않은 질 좋은 코르크 마개만 잔뜩 사들고 왔단다. 못 말리는 이 부부의 맛있는 포도를 먹기 위해서라도 초가을 휴가를 생각해 봐야겠다.

---

1. 정쌍은와인은 택배로 주문할 수 있다. '정쌍은포도주'라는 인터넷 카페를 이용하거나, **임혜숙(010-6647-8675)**에게 연락해도 된다.

2. 포도 식초는 한 해 동안 발효시켜 여름에야 판매한다. 물론 제품화하여 내놓지는 않고 지인들이 연락하면 부쳐 주는 식이다. 일반적으로 대기업에서 '포도 식초'라는 이름으로 판매하는 것들은 일반적인 식초에 포도 과즙을 섞은 것들이 대부분이다. 사과 식초 등 과일 이름을 붙인 식초들은 다 마찬가지이다. 포도, 사과, 파인애플 등 진짜 과일 원액을 발효시켜 만든 식초는 생협에서 구입하는 것이 안전하며, 그때에도 어떻게 만든 것인지 뒷면의 설명을 꼼꼼히 읽어 보아야 한다

귤

껍질까지 알뜰하게 먹는
유기농 귤

귤은 껍질까지 통째로 입에 쏙!

꽤 오래전의 일이다. 제주도 출신 후배가 집에서 가져온 귤을 먹는 걸 보고 깜짝 놀란 적이 있다. "귤은 이렇게 먹어야 제맛이에요." 하더니, 껍질도 까지 않고 통째로 입에 쏙 밀어 넣었다. 같은 자리에 있던 대여섯 명은 모두 "더럽잖아!" 하면서 얼굴을 찌푸렸지만, 정작 그는 빙글빙글 웃기만 했다. 이제야 그 웃음의 의미를 알 것 같다. 그 귤이 무농약 귤이나 유기농 귤은 아니었겠지만 껍질에 왁스 코팅이 된 귤은 아니

301

었을 것이다.

일반적으로 육지에서 유통되는 귤은 껍질에 왁스로 코팅이 되어 있다. 귤껍질이 반들반들 윤이 나는 이유가 그것이다. 왁스로 코팅을 하면 귤이 덜 마르기 때문에 유통하기에 편하다. 그러니 후배가 집에서 가져온 귤은 코팅하기 전의 것이고, 그러니 먼지만 쓱쓱 닦아 내고 먹을 수 있었을 것이다.

흔히 귤껍질을 당연히 버리는 것이라 생각하지만, 천만의 말씀이다. 생각해 보라. 비슷한 종류의 과일인 오렌지, 레몬, 라임, 유자 등도 다 껍질을 요리에 쓴다. 껍질을 요리에 이용하는 방식은 이루 헤아릴 수 없다. 껍질을 까고 유자청을 만들거나 레몬을 얇게 저밀 때에 껍질을 제거하는 사람은 없지 않은가. 잘 잘라지지도 않을 뿐 아니라, 껍질에서 풍기는 독특한 향과 맛이 제거되어 그다지 매력적이지 않다. 홍차에 레몬을 넣을 때에도 그냥 껍질째 넣는다. 요즘 유명 셰프들이 방송에 나와 요리를 할 때, 통 레몬을 껍질째 강판에 쓱쓱 갈아 요리 위에 뿌리는 것을 쉽게 볼 수 있다. 이 역시 주로 껍질을 쓰는 것이다. 일본어로 '낑깡'이라 부르는 금귤은 아예 껍질째 먹는다.

껍질을 까서 먹는 오렌지도 따지고 보면 우리가 어느 정도는 껍질을 먹는 셈이다. 그 대표적인 것이 시판되는 오렌지주스이다. 주스를 만들 때 껍질의 즙이 상당히 들어간다. 알맹이만으로 만들었을 때보다 강한 향과 쌉쌀한 맛이 더해져 맛이 화려해진다. 시중에 나오는 유명 브랜드의 오렌지주스에도 모두 껍질의 즙이 포함되어 있다. 우리가 흔히 오렌지 향이라고 여기는 것은 알맹이와 껍질의 향이 어우러진 것이고, 특히 껍질에서 나오는 향이 지배적이다.

그저 향 때문만도 아니다. 껍질이 알맹이와 다른 효능이 있어서 귤의 껍질을 일부러 먹기도 한다. 한약재 중 '진피(陳皮)'라고 하는 것이 바로 이 귤껍질을 말린 것이다. 서양에서는 오렌지와 레몬의 껍질에서 오일을 추출하여 향료나 약용으로 쓰기도 한다.

그래도 찜찜한 껍질

그래도 나처럼 따지며 사는 사람은 이런 것들을 흔쾌한 마음으로 먹지 못한다. 순진하게 농약이 껍질에만 묻어 있다고 생각지는 않는다. 제초제를 비롯한 수많은 농약이 토양을 오염시키고, 식물 전체로 퍼져 열매 속까지 들어갈 것이 뻔하다. 하지만 공중 살포한 농약은 당연히 껍질에 먼저 침착된다. 아무리 잔류 농약 검사 등으로 '허용치 기준 이하'라고 판명 났다 할지라도, 저렇게 계속 먹어도 되는 걸까 싶은 생각이 드는 것은 어쩔 수 없다. 20세기 후반 이후의 사람들은 인류 역사상 화학 약품에 가장 많이 노출된 사람들이고, 이런 현상이 생긴 지 아직 채 100년도 되지 않았다. 이들에게 어떤 일이 일어날지는 아직 정확하게 알 수 없다는 전문가들도 적지 않다. 나만 이렇게 불안하겠는가. 어쩔 수 없이 감귤류의 껍질을 먹어야 하는 경우에 표면을 잘 닦아 내야 한다는 얘기들을 많이 한다. 심지어 귤껍질을 까기 전에 귀찮더라도 일일이 물로 씻으라는 조언도 많다. 껍질의 농약이나 왁스 성분이 손에 묻는데, 그 손으로 알맹이를 떼어 내어 먹기 때문이다.

인터넷 사이트에 껍질 이야기로 제일 많은 품목은 수입 레몬에 관한 것이다. 귤·오렌지와 달리 레몬은 껍질까지 요리에 쓰는 경우가 대부분이기 때문이다. 레몬 껍질 세척으로 소개하는 방법은 물에 소다를 잔뜩 풀어 한참을 담가 놓은 후에 칫솔로 레몬 껍질을 꼼꼼히 닦으라는 것이다. 왁스로 추정되는 이물질이 레몬 세척한 물에 허옇게 떠 있는 것까지 사진을 찍어 올려놓고, 잘 닦지 않으면 이런 것까지 다 먹는 꼴이 된다고 설명한다.

생각이 여기에 미치고 보니, 우리는 농약 때문에 껍질 먹는 습관을 많이 잃어버렸음을 깨닫게 된다. 앞서 농약 친 포도 껍질을 쪽쪽 빨아먹지 못하는 아쉬움을 이야기했거니와, 따지고 보면 그뿐만이 아니다. 지금의 중년 세대들은 과일을 껍질째 먹었던 기억을 다 가지고 있다. 사과 하나를 통째로 들고 껍질을 깎지 않은 채 와작와작 먹거나, 삶은 밤고구마를 껍질째 꼭꼭 씹어 먹는 게 그리 낯설지 않다. 그런데 이런 습관은 농약의 보편화와 함께 사라져 갔다. 아버지가 사과 농장을 한다는 어떤 분은 사과 껍질을 깎을 때에 특히 꼭지 부근을 두껍게 파낸다. 농약 칠 때 가 보면 바로 그 부분에 농약이 고여 있는 경우도 있다고까지 말해 주었다.

물론 모든 과일에 이렇게 농약을 많이 치는 것은 아니다. 농약의 사용은 과일의 종류에 따라 큰 차이가 난다. 시골에서 여러 묘목을 사다 심어 보면 사과·배·복숭아 등은 농약이 많이 필요한 나무이고, 자두·살구 등은 농약을 거의 치지 않아도 병충해가 적다는 것을 확연히 느낄 수 있었다. 앞서 말한 대로 블루베리는 아직 농약을 쓰지 않아도 병충해 없이 잘 자란다. 상황이 이렇다 보니 웬만한 친환경 매장에도 사과·배·복숭아는 'GAP' 정도의 표시만 있는 게 고작이고, 무농약이나 유기농 등급의 물건은 찾아보기 쉽지 않다.

귤껍질을 제대로 먹어 보고 싶은 호기심

최근 껍질 성분이 몸에 좋다는 사실이 많이 보도되고, 그에 따라 껍질째 먹을 수 있는 친환경 과일에 대한 선호도 급격히 올라가고 있다. 이제 웬만한 친환경 매장에는 무농약이나 유기농 등급의 귤이 팔리고 있다. 거무티티한 잡티가 잔

제주 표선면 유기농 귤 농장에는 청정지역에서만 산다는 반딧불이가 진짜로 날아다닌다. 그래서 브랜드 이름이 '반딧불이 감귤'이다. 여름내 벌레들과의 험한 싸움을 견뎌내느라 흠집투성이가 된 못난이 귤이 발갛게 잘 익었다.

뜩 생겨 있고, 윤기가 거의 없는 못생긴 귤 말이다. 이런 험악한 외모가 소비자의 눈에 많이 거슬리니, 어떤 매장에서는 아예 '못난이 귤'이라는 이름을 붙여 팔기도 한다.

나도 요즘 유기농 귤을 찾아 먹기 시작했다. 건강도 건강이려니와, 내 관심은 껍질에 있었다. 귤껍질을 이용해서 무언가를 해 먹어 보고 싶다는 생각, 그 맛이 어떨까 하는 호기심이 더 컸다고나 할까.

그러던 차에 2010년대 초, 제주도에 내려가 있던 지인이 유기농 귤을 한 상자 보내 준 것이 계기가 되었다. 문화연대 사무처장을 비롯하여 오랫동안 문화 관련 활동가로 활발하게 일했던 지금종 씨이다. 그는 2000년대 말에 제주도로 귀농했고, 약간의 귤 농사와 함께, 그곳에서 아주 많은 새로운 문화 활동을 벌이고 있다. '하던 버릇'을 포기하지 못하고 서귀포 바닷가에서 축제를 벌여 성공하기도 하고, 조랑말 박물관을 운영하기도 한다.

그가 이렇게 활발한 제주도의 문화 활동가로 바빠지기 이전인 2011년 말에 그 귤 밭을 찾았다. 한 상자 얻어먹은 김에 유기농 귤이 궁금해졌기 때문이다. 그가 귀농한 곳은 서귀포 표선면 가시리라는 곳이다. 2011년 당시 그 마을에서 유기농 귤을 생산하는 농가는 달랑 네 집뿐, 그나마 한 집은 귀농 3년차인 자칭 '얼치기 농사꾼' 지금종 씨이니 진짜 농사꾼은 딱 3명만 유기농을 고수하고 있는 셈이었다.

귤나무에는 주황색 귤이 탐스럽게 달려 있었다. 귤나무를 가까이에서 보기 힘들었던 '육지 촌놈'들은 그 모습에 그저 '와!' 하고 환호부터 했지만, 나중에 보니 그렇게 환호만 할 일은 아니었다. 옆집의 관행농 귤나무들과 비교해 보니, 유기농 귤나무에 달린 수량은 관행농 귤의 절반 정도밖에 안 되었다. 생산량에서는 비교가 안 되는 것이다. 물론 풍경이 다른 것은 그뿐만이 아니었다. 유기농 귤 밭은 나무 아래의 풀을 제초제를 쓰지 않고 손으로 뽑은 티가 역력했다.

무농약·유기농 귤 감별법

밭에서 만난 유기농 귤은 그냥 육안으로도 쉽게 구별되었다. 대강 정리해 본 무농약·유기농 귤 구별법은 이러하다.

첫째, 일반적으로는 색깔이 훨씬 붉은데 가끔 푸른빛이 도는 부위가 섞여 있다. 일반 귤이 노란빛이 강하다면, 유기농 귤은 붉은빛이 강한 진짜 주황색이다. 이는 화학 비료를 쓰지 않고 퇴비 등으로 거름을 잘했기 때문이기도 하지만, 유기농 농사꾼들이 가능하면 나무에서 충분히 숙성시켜 수확했기 때문일 수도 있다. 금지되어 있기는 하지만, 여전히 덜 익은 귤을 따다가 약품으로 열을 내어 후숙(後熟)시켜 파는 비양심적인 사람들도 있단다. 싼 가격의 질 낮은 귤이다. 당연히 이런 귤들은 나무에서 숙성된 것이 아니기 때문에 껍질에서 붉은빛보다는 노란빛이 강하고, 인위적으로 숙성시켰으므로 전체적으로 고르게 색이 난다. 그에 비해 나무에서 충분히 익혀서 수확한 싱싱한 귤은 붉은색이 강하면서도 부분적으로 푸른빛이 남아 있기도 하다. 위치에 따라 햇빛을 좀 덜 받은 구석이 있을 수밖에 없기 때문이다.

둘째, 껍질에 거무티티한 회갈색 흠집이 많다. 이것이야말로 관행농 귤과 무농약·유기농 귤의 가장 뚜렷한 차이점이다. 이 잡티·흠집들은 여름 동안 벌레들이 입질을 하고 지나간 흔적들이다. 게다가 유기농 인증을 받으려면 왁스 코팅 같은 것은 절대로 할 수 없다. 당연히 반짝거리는 윤기가 없다. 그러니 껍질 생김새로는 그다지 식욕을 일으키지 않는다. 우리 동네 어느 생협에서도 '못난이 귤'이라고 써 붙여 놓고 팔다가, 그래도 잘 안 팔렸는지 어느 해에는 외양이 그보다 좀 나은 저농약 등급의 귤도 함께 팔기도 했다. 그만큼 무농약·유기농 귤에는 손이 가려다 움츠러들 정도로 못생긴 놈들이 많다. 하지만 먹는 데 그게 무슨 상관이랴. 일부러 예쁘게 만드느라고 약품 처리를 하는 것보다는 훨씬 나은 것 아니겠는가.

셋째, 깔 때 확연히 다르다. 눈으로 먹는 게 아니고 입으로 먹는 것이니, 일단 까 보아야 하지 않겠는가. 밭에서 만난 유기농 귤은 잘 안 까진다는 것이 특징이었다. 이것이 싱싱한 무농약·유기농 귤의 세 번째 특성이다.

지 씨가 수확 직후 보내 준 귤을 받아 보고 가장 놀란 대목이 바로 이것이다. 껍질 못생긴 것이야 어느 정도 짐작을 했지만, 귤이 잘 까지지 않는다는 것은 별로 생각지 못한 대목이었다. 사실 나는 그동안 귤을 살 때 말랑한 촉감의 것을 고르곤 했다. 귤껍질과 알맹이 사이가 들떠서 말랑한 촉감을 내는 귤이 껍질 깔 때도 편하고 신맛도 적었기 때문이다. 손만 대면 홀랑 까지는 귤에 익숙한 사람이 나만은 아닐 것이다. 유기농 귤의 직거래에서 꽤 많은 불평 중의 하나가 '잘 까지지 않는다.'는 것이라고 한다.

하지만 다소 단단하고 껍질이 잘 까지지 않는 상태의 귤이 정상적으로 싱싱한 귤이란다. 시중에서 파는 귤이 말랑한 것은 유통 중에 시든 귤이라는 것이다. 귤껍질에 코팅을 해 놓은 채 오래 창고에 보관하거나 유통 기간이 길어지면 껍질은 잘 마르지 않으면서 알맹이만 시든다. 그러니 껍질 들뜨는 현상이 훨씬 더 심해지고 알맹이의 신맛도 적어진다. 나는 여태껏 이런 귤을 맛있는 귤이라고 생각하고 있었던 셈이다. 신맛이 없고 향도 약하며 그저 단맛만 남아 있는 귤 말이다.

넷째 특성은 맛이다. 이게 가장 중요하다. 싱싱한 유기농 귤은 신맛과 단맛이 모두 강하고 귤 특유의 향도 매우 강하다. 밭 한구석에서 방금 따 온 귤을 분류하느라 분주했다. 바구니에서 주워서 하나 까먹어 보았다. 맛에 앞서 먼저 코를 자극하는 기막힌 향이 정말 매력적이다. 택배로 받아 처음 유기농 귤을 먹어 보았을 때에도 그 싱싱한 향에 놀라움을 금치 못했는데, 나무에서 갓 따 온 것은 향이 훨씬 강했다. 게다가 맛이 진하고 달았다. 신맛도 꽤 강한데, 단맛이 강하니 시다는 생각이 별로 들지 않는다.

일반 귤은 화학 비료 주고 많은 수확량을 늘리느라 맛과 향이 싱거워질 수밖에 없다. 게다가 나무에서 충분히 숙성시키지 않고, 일단 따서 창고에서 숙성시키거나 오래 유통시키면 그 맛은 더 떨어진다. 껍질에 코팅을 한 후 그 왁스를 말리느라 약간의 열처리를 하는 경우도 많은데, 그러면 맛과 향이 더 떨어진다.

귤 주인이 당도를 측정하여 보여 준다. 방금 먹은 귤의 당도가 15.5브릭스였다. 일반 귤의 평균 당도는 8~10브릭스이며 12브릭스만 돼도 매우 단것으로 친다. 그런데 15.5라니! 심지어 며칠 전에 측정한 것 중에는 16.5브릭스도 있었단다. 주변 사람들에게 이런 얘기를 하면, '뻥치지 마!' 하며 안 믿어 준다며 웃는다. 얼치기 농사꾼이 자랑하는 이 모습이, 자식 자랑하는 팔불출 아빠 같다는 생각에 웃음이 절로 나왔다.

물론 귤의 당도는 유기 재배 때문만으로 높아지는 것은 아니다. 비가 적게 오고 햇볕을 잘 쐬면 당도는 높아진다. 굵은 귤보다 자잘한 귤의 당도가 높은 것도 표면에서 햇볕을 많이 받아들일 수 있기 때문이다. 얼치기 농사꾼이 이 정도 당도의 귤을 만들어 낸 것도 이 해에 하늘이 도왔기 때문이다. 하지만 유기 재배도 중요한 요건이다. 아무리 볕이 좋아도 이 정도 당도는 쉽지 않단다.

품질과 가격, 이 영원한 숙제

그러나 이런 좋은 귤을 생산하는 농가는 그리 편치 못해 보였다. 가시리 친환경 작목반의 중심 멤버인 '프로 농사꾼' 김사현 씨 얘기로는 유기농으로 키우면 생산량이 50~60퍼센트로 감소하는데, 가격은 고작 1.5배 높은 정도란다. 생산 농가로서는 그만큼 이윤이 줄어드는 것이다.

문제는 또 있다. 유기농으로 키우다 자칫 잘못하면 나무가 약해져서 회복할 수 없는 지경에 이르기도 한다. 김사현 씨는 지금종 씨에게 '지금 나무가 죽을힘을 다해서 이만큼 맺은 것이니, 내년에는 거름을 넉넉히 잘해 먹여야 한다.'고 당부에 당부를 거듭하였다. 사람이든 나무든 계속 부려먹으려면 잘 먹이고 잘 쉬게 해야 한다고, 세상 이치가 다 마찬가지라고 그는 말했다.

김사현 씨의 농사 경력을 들으니 참 마음이 아팠다. 이전에 바나나 농사를 지었으나 수입 바나나가 값싸게 들어오면서 망했고, 귤 농사로 전환을 했는데 귤 값이 계속 떨어져 망하기 일보 직전이었다는 것이다. 이런 싸구려 귤로 계속 가다간 다시 망할 것 같아서 유기농 귤을 시작했단다. 그러나 이제 유기농 과일도 장사가 좀 된다 싶으면 해외에서 수입해 들여와 화려한 포장으로 고급 매장에서 팔릴 텐데, 이것도 어찌 될지 모르겠다며 가느다란 한숨을 내쉬었다.

결국 농가가 살 길은 건강하고 싱싱한 유기농 귤로, 바다 건너 온 시든 과일과 차별화히는 길뿐이리고 생각한다. 그러나 과연 성공적으로 생존할 수 있을지 걱정이란다. 다행히 이해에는 경기도와 서울의 친환경 무상 급식 덕분에 적정 크기

신맛과 단맛이 모두 강하고 귤 특유의 향이 매우 강한 유기농 귤. 터지는 즙이 건강하고 싱싱하다.

의 것은 모두 팔 수 있을 것 같다고 했다.

귤껍질은 정말 맛있다

꼼꼼한 안주인은 직거래 배송 물건을 싸면서 너무 작거나 껍질이 지나치게 못생긴 귤을 연신 골라내고 있었다. 맛에는 거의 차이가 없건만 '미모 탓'에 가끔 항의가 들어온다는 것이다.

하지만 이 못난이 귤 덕분에 나는 겨울만 되면 행복하다. 그냥 비교하기엔 관행농의 귤에 비해 가격이 비싼 게 사실이지만, 정말 실속 있게 먹을 수 있으니 결코 비싼 게 아니다. 껍질까지 다 먹기 때문이다.

귤껍질로 집에서 손쉽게 만들 수 있는 대표적인 음식은 차와 잼이다. 진피(귤껍질)차는 껍질을 말렸다가 뜨거운 물에 우리거나 끓여서 먹는다. 농약 없이 키운 진피를 약재상에서 사려면 꽤 값이 나간다. 소화제나 감기약을 짓는 데에 단골로 쓰이는 약재이다. 몸에는 좋다는데 내 입에는 그다지 맛이 있지는 않다.

혹은 귤을 통째로 얇게 저며 온풍 건조기에 말려 보관해 두었다가 뜨거운 물에 우려먹는 방법도 있다. 이렇게 말려서 차로 우려먹는 방법은 여름까지 두고 먹는 게 매력이긴 하지만, 말리는 데에 손이 많이 가고 맛도 그리 뛰어난 편은 아니다.

그래서 나는 잼의 재료로 이용한다. 귤이나 오렌지 껍질을 채 썰어 설탕에 조린 잼을 마멀레이드라 한다. 귤껍질의 향이 아주 매력적으로 살아나는 잼이다. 하지만 이 역시 그냥 집에서 해먹기에는 어려운 점이 있다. 집에 식구가 아주 많아 한꺼번에 귤을 먹지 않는 이상 그렇게 한꺼번에 많은 껍질이 나오지는 않는 것이다. 한두 개씩 까먹고 생긴 귤껍질을 그때마다 조금씩 조려 놓는 일은 가열하는 연료도 아깝고 너무 번거로운 일이다.

그래서 궁리했다. 좋은 방법이 없을까? 내가 내린 가장 합리적이고 편안한 방법은 가열하지 않고 그냥 설탕을 부어 '청'을 만들어 두는 것이다.

한두 개씩 나오는 귤껍질을 시들기 전에 바로 곱게 채를 썬다. 그리고 큰 병이나 항아리에 넣고 설탕을 넣어 뒤섞어 놓는다. 또 다음 날 귤껍질이 나오면 또 썰어서 위에 넣고 설탕을 뿌려 뒤섞는다. 껍질만으로는 신맛이 너무 안 나므로, 유자청 만들 듯 알맹이도 가끔 하나쯤 얄팍하게 썰어 함께 섞는다. 일주일 동안 매일 조금씩 껍질이 생기는 대로 채 썰고 또 설탕을 부어 놓았더니 벌써 병이 다 찼다.

귀찮게 매일 이런 짓을 하냐고 생각할 수도 있다. 하지만 어차피 매실·유자 등의 과일 청이란 자주 뒤섞어 주어야 한다. 그러니 귤청도 매일 새 재료를 넣을 때마다 병 전체의 것

수확해 쌓아 놓은 못난이 귤들을 보고 있노라면 "못난 놈들은 서로 얼굴만 봐도 흥겹다"는 신경림의 시 구절이 생각나 빙긋 웃음이 나온다.

을 뒤섞어 잘 섞이게 해 두는 게 중요하다. 그렇지 않으면 절여져 나오는 과즙과 설탕이 밑으로만 가라앉고, 위에서는 곰팡이가 피기 일쑤이다. 매일 계속 뒤섞고 맨 윗부분을 숟가락으로 다독거려 곰팡이가 필 여유가 없도록 만들어 주어야 청이 제대로 된다. 이렇게 조금씩 계속 신경을 써 주어야 하는 게 과일 청 만들기이니, 새로 재료를 조금씩 더 넣는 게 무슨 그리 귀찮은 일이랴. 뒤적거려 보다가 설탕이 좀 부족하다 싶으면 더 넣는다. 설탕을 넣을 때에 꿀을 조금씩 섞으면 부패 가능성이 낮아지고 청이 더 잘 만들어진다.

시원한 곳에 두고 한 달쯤 지켜보다 보면 귤껍질이 설탕에다 절여져 끈적끈적한 느낌이 나기 시작한다. 기온이나 설탕 양에 따라 적정한 시기에 냉장고에 보관하여 숙성시키고 먹기 시작한다. 귤청은 유자청처럼 다양한 용도로 쓴다. 뜨거운 물에 타서 먹으면 귤껍질을 말려 끓인 차보다 훨씬 맛있고, 온갖 요리의 부재료로 쓰기에도 좋다.

만약 청을 만들다가 상할 것이 염려되면 그대로 냄비에 부어 끓여 두면 걱정 없다. 눋지 않게 살짝 물을 넣고 약한 불로 끓여 졸이면 마멀레이드가 되는 것이다. 빵과 함께 먹어도 맛있고, 쿠키를 만들 때 넣어도 훌륭하다. 샐러드 소스를 만들 때에 섞어도 좋다. 나는 플레인 요구르트에 섞어 먹는 것을 아주 좋아한다. 당분을 가미하지 않아 다소 텁텁한 플레인 요구르트에 사과를 약간 썰어 넣고 귤청이나 귤잼을 조금 섞으면 정말 훌륭한 간식이 된다. 요구르트의 시큼하고 다소 느끼한 맛이 귤껍질의 '열대 과일스러운' 향취와 어찌나 잘 어울리는지, 이것 없으면 요구르트를 못 먹을 것 같다는 생각이 들 정도이다.

내친 김에 제주 무농약 레몬을 찾다

다음 해부터 나는 본격적으로 유기농 귤을 찾아 주문하기 시작했다. 포털 사이트에서 검색해 보니 여기저기에서 무농약·유기농 귤을 꽤 팔고 있었다. 박스째 사놓고 틈틈이 까먹고 주스를 짜먹고, 껍질은 청을 만들어 보관한다.

내친 김에 한 걸음 더 나아가 보기로 했다. 혹시 무농약·유기농 레몬은 없을까 하는 생각이 든 것이다. 귤처럼 많이 먹지는 않지만, 농약 문제를 생각하면 더 절실한 것이 레몬 아닌가. 제주에서 생산되는 귤에도 그리 코팅을 하는데 수입 레몬은 어떨까 심히 의심스러웠다. 생과일을 상하지 않게 바다 건너 멀리 보내려면 오죽하겠나 하는 생각이 들기 때문이다. 검색해 보니 이미 제주에서 무농약 레몬이 생산되고 있었다. 당연히 가격은 수입 레몬에 비해 비싸다. 하지만 레몬을 엄청나게 먹는 것도 아니니, 그 정도는 감수할 만하다 싶다.

5킬로그램 한 박스는 꽤 많은 양이다. 레몬청을 만들거나 얇게 저며 건조해 보관하는 방법이 있지만, 레몬청은 너무 달아서 많이 먹게 되지 않고 건조한 것은 아무래도 향이 많이 떨어진다. 다행히 레몬은 생과일로 초봄까지는 어느 정도 보관이 가능하다. 냉장고에 두면 별로 상하지 않는다. 이후가 문제이다. 나는 겨울에 먹을 정도만 남기고, 나머지는 비닐에 싸서 냉동실에 보관한다. 딱딱하게 언 레몬은 이듬해 레몬 나올 때까지 여름 내내 시원한 음료의 재료가 된다. 얇게 저며 홍차에 넣거나, 물 한 병에 레몬 반 개 정도를 썰어 넣은 후 스위트바질 같은 허브를 함께 넣어 차갑게 두면 하루 종일 마셔도 부담이 없다. 더 진하게 먹고 싶다면, 레몬 반 개 정도를 썰어 물 한 컵을 붓고 잠시만 두면 새콤한 레몬 맛이 우러나온다. 달지 않고 깔끔한 레몬 음료로 서너 번 더 우려 먹을 수 있다.

요즘 감귤류를 먹는 것이 점점 다양해져 덜 익은 청귤이나 덜 익은 그린레몬을 찾는 사람들도 많다. 몸에 더 좋다는 소문도 있거니와 레몬이나 라임을 즐기는 서양 입맛에 익숙해져서이다. 역시 모두 껍질째 청을 만들거나 말리는 방식으로 이용하는 것이라 무농약·유기농 재배가 핵심 사항이 된다. 처음에 유기농으로 귤을 키우는 사람은 주위의 우려와 비웃음을 샀겠지만, 이제 이 길이 대세가 될 날이 머지않았다.

1. 무농약·유기농 귤은 대형 쇼핑사이트에서 검색해도 꽤 눈에 띈다. 청귤도 마찬가지이다. 물론 생협이나 친환경 식품 전문점에서 소량으로 구입할 수도 있다.

2. 귤에 비해 제주 무농약 레몬은 아직 도시의 매장에서는 쉽게 찾을 수 없다. 레몬을 키우는 농민이 '제주레몬'이라는 사이트를 열고 팔고 있었는데, 최근에는 이 사이트가 사라지고 'e제주영농조합법인'이라는 곳에서 키위, 귤 등과 함께 팔고 있었다. 12월 즈음부터 초봄까지 판매한다.

막걸리

달지 않은 진국 막걸리

인간문화재가 만드는 막걸리

이제 좋은 식재료를 찾아가는 여정도 거의 막바지에 도달했다. 소금과 쌀처럼 매일 먹는 주식부터 시작하여 과일 등의 후식 재료에 이르렀으니, 마지막에는 막걸리 한 잔을 이야기해도 괜찮을 듯싶다. 막걸리가 식재료로 쓰이지 않는 것은 아니지만 그렇다고 해서 다른 음식을 위한 재료로서만 기능하는 게 본령은 아니다. 그저 마지막 여정에서 약간 곁길로 나가 보고 싶은 마음이라고 해 두자.

한때 열풍을 타는 음식이 있다. 와인이 그랬고 그 뒤를 커피와 맥주가 이어 갔다. 와인 바람이 한창 불 즈음부터 살짝 막걸리 바람이 함께 불었다. 미풍에 그치긴 했지만 이를 계기로 다양한 막걸리에 대한 욕구가 수면 위로 올라왔다. 그래서 여러 나라의 다양한 맥주를 파는 '맥주 전문점'만큼 많은 것은 아니지만, 대여섯 가지의 막걸리를 갖춰 놓고 막걸리에 적합한 안주를 파는 '막걸리 전문점'도 드문드문 찾아볼 수 있게 되었다. 서울에서는 그저 '서울장수막걸리'를 먹을 수밖에 없었는데, 막걸리 애호가들의 입길에 오르는 전국의 맛있는 막걸리들을 모아 놓고 파는 음식점인 것이다. 이와 함께 막걸리 만드는 강습도 열리고 있다. 마치 와인 강좌, 커피 강좌처럼 막걸리도 그렇게 배우는 곳이 생긴 것이다. 이런 곳에 꼭 빠지지 않고 거론되는 막걸리가 바로 태인막걸리, 일명 '송명섭 막걸리'이다.

첨가물을 전혀 넣지 않고, 오로지 막걸리에 꼭 필요한 재료로만 만든 순수한 막걸리, 그래서 얕은맛이 없는 대신 막걸리의 진짜 맛을 느껴 볼 수 있는 그런 막걸리라고 손꼽힌다. 게다가 이를 만드는 송명섭이란 사람이 무형 문화재 기능 보유자(속칭 '인간문화재')란다. 물론 그가 기능 보유자로 지정된 것은 막걸리 항목은 아니다. 전라북도가 지정하는 무형 문화재로 대나무를 이용하여 만든 '죽력고(竹瀝膏)'라는 술의 기능 보유자이다. 죽력고는 육당 최남선이 3대 명주로 꼽았다는 술인데, 푸른 대나무의 진액을 이용한 증류주이다. 보통 술 이름에는 '주(酒)'가 쓰이기 마련인데, 이 술은 약을 고아 진득하게 만든 형태를 지칭하는 '고(膏)'(연고, 고약 같은 단어를 생각해 보라.)를 쓴다. 일종의 약용 술로 보는 것이다. 이런 술을 만드는 명인이 만드는 막걸리라니 그저 싸구려 술이라 치부되던 막걸리도 이런 사람이 만들면 좀 다르겠구나 싶은 생각이 들도록 만든다.

진하면서도 달지 않은 자연의 향취

그곳의 시간은 다르게 흘렀다. 전북 정읍의 태인합동주조장 송명섭 대표를 만나니, 처음에는 마치 타임 슬립을 한 것처럼 약간 아찔한 느낌이 들었다. 그러다 몇십 분 지나고 나니 정신없이 달려가는 서울의 시간은 참 부질없어 느껴졌다.

취재차 찾아간 나에게 그가 처음 보여 준 것은 술과 양조장이 아니라, 호남제일정(湖南第一亭)으로 꼽힌다는 고색창연한 정자 피향정(披香亭)이었다. 정자 아래에는 꽤 넓은 연못이 펼쳐져 있었다. 때가 겨울이었으니 연꽃은 다 시들었지만, 여전히 무성한 연잎들이 한여름 드높았던 연꽃 향기를 말해 주고 있었다. 그는 피향정에서 태인이란 고장이 얼마나 유시 깊은 곳인지 조근조근 설명했다. 그곳 유지들은 지금까지도 화백

옹기 술독에서 술이 발효되고 있다. 발효가 왕성하게 진행되는 동안에는 뽀글뽀글 소리까지 난다. 술이 익으면 이를 자루나 체에 걸러 누룩찌꺼기를 분리해 낸다.

제도의 전통을 이어 만장일치로 의결을 한다고 했다. 그는 수인사하고 첫 상면부터 몇 년생이냐고 묻더니 자신은 1957년생이라며 바로 "오빠 동생 하자"며 '쌍팔년도식 작업 멘트'를 날렸다. 뭔가 질문을 하면 즉답을 하지 않고 1분쯤 뜸을 들였다가 온갖 비유적 수사로 답을 하는 우회적 화법을 구사했다. 송명섭 대표가 있는 태인의 시간은 확실히 서울의 시간과는 다른 속도로 흐르고 있었다.

내가 송명섭 막걸리를 처음 맛본 것은 2010년을 전후한 때였다. 말을 더 보탤 것도 없이 바로 내가 찾고 있던 그 막걸리

맛이었다. 그동안 내가 원한 막걸리의 조건은 딱 두 가지, 달지 않으면서 진한 막걸리였다. 달착지근한 요즘 막걸리에 유감이 많았기 때문이다. 내가 대학 다니던 시절만 해도 이토록 막걸리가 달지는 않았다. 텁텁한 밀가루 막걸리가 1990년을 기점으로 매끈한 쌀 막걸리로 바뀐 것까지는 좋았다. 그런데 포천 이동 막걸리가 진하면서 달착지근한 맛으로 입맛을 사로잡더니 온갖 막걸리들이 너도나도 달아졌다. 이른바 '민속 주점'이라는 곳에서, 막걸리와 약간의 소주와 사이다 등을 섞어 탄산 맛을 강화하고 밥알을 동동 띄운 후 항아리에 담아 '동동주'라 이름 붙여 파는 게 유행하면서 단맛의 막걸리는 점점 대세가 됐다. 여기에 밤, 조, 잣, 구기자 등 각 지역의 특산품을 섞은 다양한 막걸리들이 나오며 점점 단맛이 강화되는 방향으로 흘렀다. 그러니 처음에는 달착지근하고 얕은맛이라고 생각하던 서울장수막걸리가 이제는 고전적인 맛으로 느껴질 정도가 되었다. 하긴 술만 그러랴. 떡도, 과자도, 모두 경쟁이라도 붙은 듯 달고 자극적으로 바뀌니 얄팍해진 우리 입맛 탓이라 할 수밖에 없다.

두루 알다시피 막걸리의 단맛은 합성 감미료를 넣기 때문이다. 지금은 주로 아스파탐을 쓴다. 합성 감미료 대신 설탕을 쓰면 생막걸리 속의 생효모가 유통 중에 활발히 활동하여 술맛을 변화시키므로, 효모가 분해할 수 없는 합성 감미료를 쓰는 것이다. 막걸리에 들어가는 첨가제는 그것만이 아니다. 인공 향료나 색소를 쓴 제품도 있어 식품 첨가물 난을 열심히 읽어 봐야 한다.

달지 않고 진한 막걸리를 먹고 싶어서 누룩을 사다가 막걸리를 담가 본 적도 있었다. 제기동 경동시장에서 누룩을 사다, 책에 적힌 비율대로 쌀과 물을 섞어 항아리에 담갔다. 첫 시도는 실패였다. 동네 식당 아줌마가 시음을 해 보더니만 덜 뜬 누룩을 썼기 때문이란 진단을 내렸다. 시장에서 파는 누룩은 대부분 수입 밀을 재료로 하여 제대로 뜨지 않은 것이 태반이라는 것이다. "그럼 어쩌라고요? 집에서 누룩까지 띄울 수는 없잖아요?" 아줌마의 처방은 간단했다. '술약'을 함께 넣으란다. 즉 인공 배양하여 건조시킨 효모인 건조 이스트를 사다 첨가해야 한다는 것이다. 시키는 대로 했더니만 덜 뜬 맛은 아닌 막걸리가 나오기는 했다. 파는 막걸리의 단맛은 없었고 걸쭉한 느낌도 제대로였다. 하지만 맛이 별로였고 무엇보다 누룩 냄새가 너무 강했다. 여러 번 반복해 봤는데, 어떤 때는 온도를 제대로 맞추지 못해 술이 새콤하게 시어 버리거나 부패하기도 했다. 이렇게 저렇게 몇 번을 해 보다가 결국 집어치웠다.

이런 내가 명인 송명섭 대표를 만났으니 얼마나 입이 근질근질했겠는가. 한정된 시간 안에 질문을 어떻게 요령 있게 해야 하나 하는 생각에 머릿속이 바글거리고 있었다. 게다가 술 담그는 사진까지 찍어야 하므로 취재에는 시간이 많이 필요했다.

그런데 그는 술 담글 고두밥 찔 생각도 안 하고 누이동생 타령을 하면서 눙치고만 있었다. 하지만 길고 느린 호흡의 그의 화법이 싫지 않았던 것은 우리가 계속 슬로 푸드인 막걸리를 마시고 있었기 때문일 것이다. 역시 맛있는 술이었다. 진하면서도 감촉이 부드러워 목 넘김이 좋고, 구수한 곡물의 자연스러운 맛이 일품이다. 단맛이 없으니 막걸리 특유의 털털한 자연의 향취가 그대로 살아나는데, 그게 부담스러운 정도가 아니고 오히려 매력으로 다가오는 술 말이다. 술잔에 감도는 누룩 향은 전통 누룩을 쓴 술에서만 만날 수 있는 향취였다.

누룩 만드는 밀까지 직접 재배

술맛은 누룩이 좌우한다. 송명섭 막걸리는 공장에서 순수 배양한 효모를 첨가하지 않고 오로지 전통 방식으로 만든 누룩만을 사용한다. 메주가 콩을 삶아 띄운 것이라면, 누룩은 밀을 껍질째 빻아 꽁꽁 뭉쳐서 띄운 것이다. 공기 중의 야생 효모를 집적해 놓은 전통 누룩은 향취가 풍부한 옛 술맛을 낼 수 있다는 장점은 있지만 잡균의 오염으로 술맛이 들쭉날쭉할 수 있다. 그에 비해 순수 배양된 강력한 효모는 이런 우려가 없는 대신 술맛이 단순하고 얄팍해진다. (그래서 집에서 막걸리를 직접 담가 먹는 경우에도 '백국' 같은 상품화된 효모를 사용하면 공장제 막걸리 같은 맛이 난다.) 대부분의 제품화된 막걸리는 인공적으로 배양된 효모를 쓰고, 나중에 인공 감미료까지 첨가하여 첫 입맛에 착 달라붙도록 만드는 것이다.

그러니 핵심은 누룩이다. 어떤 누룩을 쓰느냐에 따라 어떤 효모가 들어가게 되니 술맛이 달라진다. 요즘에는 식빵도 효모를 따져서 맛과 향을 차별화하는데, 술은 오죽하랴.

그래서 송명섭 대표는 아예 누룩을 직접 띄운다. 전통 누룩도 공장제 상품을 사다 쓰면 간편하다. 수입 밀로 띄운 것은 싸고 국산 밀로 띄운 것은 두 배 값이지만 질이 좋다. 그런데 그는 여기에서 한 걸음 더 나아가 직접 누룩을 띄운다는 것이다. 누룩을 띄우려면 밀이 필요하다. 껍질을 깎아 낸 '밀쌀'이 아니라 껍질을 벗기지 않은 '겉밀'이 필요한 것이다. 겉밀을 껍질째 거칠게 빻은 것이 누룩의 재료이다. 일반 가정에서는 겉밀을 구하기 힘들어서 누룩 띄우기 같은 것은 시도해 볼수가 없다. 그럼 송 대표는 어떤 밀을 쓸까 궁금해졌다. 누룩의 질이 중요해서 이런 귀찮은 일을 하는 사람이 온갖 농약을 쳐서 키운 수입 밀을 재료로 쓸 리는 없으니까 말이다.

그래도 궁금해서 또 물었다. "우리 밀을 사다 쓰시겠지요?" 답은 다소 놀라웠다. "키우죠." 아니, 직접 밀농사를 짓는단 말야? 이건 정말 의외의 대답이었다. 하지만 누룩이 술의 맛을 좌우하는 핵심 중의 핵심임을 생각하면 당연한 일이기도 했다. 그뿐만이 아니었다. 주재료로 쓰는 쌀 역시 대부분은 자신이 키운 것을 쓰고, 모자라면 인근 농가의 것을 쓴다. 즉 어떻게 키워진 쌀인지 밀인지 다 아는 것들로만 막걸리를 만든다는 것이다.

쌀, 누룩, 물 이외에는 아무것도 넣지 않는다

송명섭 막걸리의 자랑은 쌀과 누룩과 물, 이 세 가지 외에는 아무것도 넣지 않는다는 것이다. 그러니 그의 막걸리에는 태인에서 나는 쌀과, 태인에서 키운 밀로 직접 만든 전통 누룩, 그리고 태인의 물, 이 세 가지만 들어가 있는 셈이다. 이것이 바로 풍부하면서도 깨끗한 맛의 송명섭 막걸리의 비결인 것이다.

꼭 이렇게까지 해야 할까? 그는 계량된 레시피를 지키는 것도 중요하지만, 그것이 유일한 기준은 아니라고 했다. 세상의 모든 것이 계량 가능한 것은 아니기 때문이다. 그래서 그는 증명되지는 않았으나, 경험상 옳다고 확신하는 방법으로 막걸리를 만든다. 고두밥을 찔 때에도 용기는 스테인리스 제품을 쓸지언정 불은 늘 가스불이 아닌 장작불을 고집하고, 밥과 누룩을 뒤섞어 술을 담글 때에도 반드시 옹기 술독에서만 발효시킨다. 그래서 발효가 왕성하게 이루어질 때면 술의 기포가 옹기로 된 술독을 경쾌하게 두드리는 소리가 요란하다 싶을 정도로 난다. 비용이나 노동력이 많이 들고 대량 생산도 어려운 장작불과 옹기를 왜 이토록 고집하냐고? 대답은 간단하다. 맛이 달라지기 때문이란다.

심지어 술이 발효되는 곳에 낯선 사람이 드나들면 탈이 난다고까지 했다. "미친 소리라 할지 모르지만, 효모들도 낯선 사람을 만나면 깜짝 놀라요. 늘 보던 주인이 아니니까 경계하고 움츠러드는 거예요. 그때 초산균들이 그 틈을 차고 들어가 술맛을 망치는 거죠." 효모가 사람을 알아본다는 게 말이 되느냐고 되물을 수도 있다. 그가 그걸 증명할 수도 없을 것이다. 하지만 나는 이해했다. 효모가 눈으로 사람을 보는 것은 아니겠지만, 자신들이 적응하지 못한 미생물이나 화학 성분, 혹은 에너지를 낯선 사람이 묻혀가지고 들어오는 것을 감지하고 활동이 위축된다는 의미로 나는 받아들였다.

그렇다고 그가 합리화된 계량의 방법을 무시하는 건 아닌 듯했다. 작업장 한 면은 플라스크와 비커 등 온갖 계량 도구들로 꽉 차 있었다. 단지 이런 근대적 계량으로 세상 전부를 설명할 수 없고 여전히 인간은 세계의 많은 것들에 대해 미지 상태임을 겸허하게 인정하는 것일 뿐이다.

잘 쪄진 술밥을 시루에서 꺼내는 송명섭 대표

'절대 눕히지 마세요. 저는 막걸리예요'

물론 처음부터 그의 이런 막걸리가 호평을 받은 것은 아니다. 그가 지금의 방식으로 막걸리를 만든 것은 1990년대 중반이었다. 수입 쌀로 막걸리를 만들라는 정부의 권장 사항에 따라 수입 쌀을 썼다가 술을 망쳤다. 창고에 처박아 둔 수입 쌀은 놀랍게도 쥐와 벌레도 잘 먹지 않았다. 그걸 보고 여태껏 관행적으로 해 오던 막걸리 양조 방식을 포기하고, 지금의 송명섭 막걸리를 만들기 시작했다.

제품화된 효모인 백국을 쓰지 않고 감미료도 넣지 않은 그의 막걸리는 처음엔 시큼털털하다고 외면 받았다. 아내는 사람들이 이 맛을 싫어하니 도로 감미료를 넣자고 했다. 그래도 그는 고집스럽게 버텼다. 그러기를 몇 년, 소문을 타고 외지에서 주문이 들어오기 시작했다. 이제 송명섭 막걸리는 마니아들이 인정하는 술이 되었고, 이 술이 있느냐 없느냐가 막걸리 전문점의 수준을 가늠하는 기준이 되고 있다.

아쉬운 점은 외지에서 이 술을 맛보기가 그리 쉽지만은 않다는 것이다. 외지의 가게나 마트에서는 판매하지 않는다. 그 지역에서 많이 팔리는 현재의 막걸리가 아닌 경우, 대개는 살균 막걸리로 유통시킨다. 생막걸리는 유통 기한이 짧기 때문이다. 병맥주처럼 효모를 죽인 상태에서 유통시키면 유통 기한이 길어지지만, 송명섭 막걸리는 오로지 생막걸리로만 나온다. 그러니 외지에서 유통은 더욱 힘들어진다. 그래서 오로지 이를 취급하는 음식점에서만 맛볼 수 있다.

다른 한 가지 방법은 태인양조장에 전화로 한 박스를 주문하는 것이다. 한 박스는 일반 가정에서 구입하기에는 참 부담스러운 양이지만, 친구들과 '공구'(공동 구입)를 하거나 특별한 이벤트에 맞추어 주문하는 것으로는 아주 좋다. 송명섭 막걸리를 담는 종이 박스에는 '절대 눕히지 마세요. 저는 막걸리예요.'라고 쓰여 있다. 그만큼 한두 박스씩 택배로 보내 달라는 주문이 많다는 의미이다.

집에서 좀 오래 보관하는 방법은 김치냉장고에 넣는 것이다. 3주 정도는 보관이 가능하다. 하지만 그동안 다 먹지 못해서 술이 몇 병 남는다 해도 그다지 별 걱정이 없다. 여러 용도로 쓸 수 있기 때문이다.

막걸리는 그냥 실온에 두고 공기 유통만 잘 시켜 주면 상하지 않고 발효가 진행된다. 술이 되는 것이 알코올 발효였다면 이번에는 초산 발효이다. 즉 식초가 되는 것이다. 식초가 되어 가는 술은 당연히 술로 마실 수는 없다. 하지만 여러 요리에는 약간 새콤해진 술이 쓸모가 많다. 맛술 대신 해물과 고기 요리에 쓰면 좋다. 제품화된 달착지근한 맛술이나 조리용 와인보다 쓰임새가 더 광범위하다.

더 오래 놓아두어 완전히 식초로 바뀌면 제품화된 식초 대신 쓰면 된다. 진짜 순수한 양조 식초이다. 대기업에서 생산되는 식초는 주정을 바탕으로 만드는 식초가 대부분인데, 이렇게 술로 만들어진 식초는 진짜 순수한 천연 식초이다. 산도가 낮으니 초고추장이나 냉국에 쓰기 좋으며, 레몬즙이나 허브 등을 섞어 샐러드 소스를 만들어도 좋다. 이런 식초는 몇 년 묵히면 향취가 점점 좋아진다. 그래서 막걸리는 기호식품이기도 하지만 식재료이기도 한 것이다.

이렇게 다양하게 쓸 수 있는 것은 모두 합성 감미료나 첨가제를 쓰지 않고 순수하게 술을 빚은 덕이다. 천천히 흘러가는 시간의 힘은 자연을 존중하는 태도에서만 제힘을 발휘한다.

---

1. 태인양조장은 웬만한 인터넷 포털 사이트와 지도에서 쉽게 검색된다. 정읍에 갈 일이 있으면 들러서 맛볼 만하다. 전화번호는 063-534-4018이다. 전화로 주문하면 택배로 부쳐 주는데, 2017년 가격은 병당 2000원이다. 다른 막걸리처럼 하얀 플라스틱 병에 담겨 있다. 양조장에서는 박스 단위로만 구입할 수 있고, 태인 지역의 마트에서는 낱개 병으로도 판매한다.

2. 송명섭 대표가 전라북도 무형 문화재 기능 보유자로 지정된 약술 죽력고는 예약해야만 살 수 있다. 워낙 고가의 술이고 소량만 만들어지기 때문이다. 주문하면 그때부터 만든다. 발효한 술을 소줏고리에서 증류해야 하므로 시간도 오래 걸린다.

3. 최근에는 다른 첨가물이 없는 순수한 막걸리를 만드는 곳이 조금씩 생겨나고 있고, 이 중에는 고급화 전략을 선택하는 곳도 있다. 강원도 홍천의 '예술'이라는 양조장에서는 탁주와 청주, 소주 등을 전통 방식으로 만든다. '홍천강탁주'는 1만 원, 단호박을 넣어 만든 '만강에 비친 달'은 1만 2000원으로 꽤 값이 비싸다. 모두 생막걸리이며 터지지 않게 유리병에 포장해 고급한 분위기를 풍긴다. 10~11도의 도수로 막걸리로서는 아주 높은 편이다. 막걸리는 싸고 도수가 낮은 술이라는 기존 관념을 탈피하려는 노력의 소산이라 할 수 있다. 인터넷 포털 사이트에서 '전통 주조 예술'이라는 검색어를 넣으면 찾을 수 있다.

현명한 소비가
위대한 식재료를
낳는다

6

1. 소비자와 유통의 중요성

소비자가 있어야 생산도 가능하다

이 시리즈를 위해 자료를 모으고 생산자들을 취재하면서 나는 꽤나 흥미로운 것을 알게 됐다. 나는 건강하고 좋은 식재료를 생산해 주는 분들이 힘든 결정을 하고 고집스럽게 초심을 밀고 나가는 것이 참 고마웠고, 앞으로도 잘 버텨 주기를 바라는 마음으로 그들을 만났다. 내가 좋은 식재료를 사먹을 수 있는 소중한 '비빌 언덕'이 그들이었기 때문이다. 그런데 그들을 만나 보니, 그들은 오히려 소비자들을 '비빌 언덕'으로 생각하고 있었다.

손뼉도 마주 쳐야 소리가 나는 법이라 했던가. 소비자가 버티고 지켜 주지 않으면 생산자도 버틸 수 없다는 것은 취재 때마다 피부로 와 닿았다. 에덴농장은 유기농 달걀을 주문해 주는 소비자가 있어서 그 비싼 유기농 사료를 사 먹이면서도 유기농 축산을 포기하지 못하였고, 농사짓는 사람을 철석같이 믿어 주고 유기농 인증이 있으나 없으나 그 쌀을 주문해 주는 소비자가 있어서 희양산 우렁쌀은 버틸 수 있는 것이다. 심지어 쉬운 길로 갈까 하는 삿된 생각이 살짝 들었어도 까다로운 소비자가 무서워서 곧바로 제자리에 돌아오는 섬마을

어리굴젓 사장도 있었다. 이런 소비자가 없다면 까다롭게 생산되는 이런 식재료는 이렇게 버틸 수가 없을 것이다.

훌륭한 유통의 부추김

유통이 얼마나 중요한 것인가 하는 것 역시 새삼 깨달았다. 유통은 결국 소비자와 생산자를 연결해 주는 것이다. 요즘은 소비자와 생산자가 인터넷 직거래를 하는 세상이긴 하다. 하지만 생산자들은 이런 인터넷 직거래가 정착하기 훨씬 전부터 까다로운 식재료 생산을 했다. 게다가 지금도 모든 식재료를 일일이 생산자와 직거래할 수는 없는 노릇이다. 결국 생산자와 소비자를 연결해 주는 매개자가 어떻게 기능하느냐에 따라 그 성과가 크게 달라질 수밖에 없는 것이다. 인터넷 직거래가 활성화되기 이전부터 존재했던 매개자를 중요하게 봐야 하는 이유이다.

몇 건 되지 않는 이 취재를 하면서도, 유통을 담당하는 매개자의 적극적인 권유로 까다로운 식재료를 생산하게 됐다는 경우를 여럿 만났다. 앞서 이야기했듯이 아침바다 명란젓을 생산하는 업체는 한살림이라는 생협에서 생산을 권유받으면서 인공 화학 첨가물을 넣지 않은 명란젓을 만들기 시작했다. 유기농 돼지고기를 생산하는 가나안농장의 경우도 그랬다. 유기 축산을 하게 된 계기 중의 하나로 씨알살림축산의 신동수 대표의 권유를 꼽았다. 씨알살림축산은 친환경 육류만을 취급하여 도축·가공·유통하는 업체이다. 친환경 방식으로 키워진 쇠고기·돼지고기만을 받아 부위별로 나누어 포장하여 생협 등으로 유통시킨다. 여기에서 가공하여 유통시키는 고기는 꽤 다르다. 무항생제 인증은 기본이고, 감금 틀에 가두어 곡류 사료만 먹이는 방식의 사육을 줄이는 방향으로 생산자를 유도하여 그들과 관계를 맺는다.

이런 매개자는 그저 돈벌이를 위해 이 일을 하지는 않는 것으로 보인다. 특히 '개척자'에 해당하는 매개자들을 살펴보면 이력이 흥미롭다. 그 주축 세력들이 민주화운동, 농민운동, 환경운동 등의 활동을 한 이력을 가진 경우가 꽤 있는 것이다. 이제는 독립적인 유통 업체가 된 '초록마을'도 시작할 때에는 한겨레신문사의 사업체였다는 것을 기억하는가. 한살림은 이미 잘 알려진 대표적인 생협인데, 아직 이런 사고방식이 싹트기 이전인 1980년대에 결성되었다. 6월 시민항쟁이 있던 1987년 즈음에 시작되어 1989년에 창립 총회를 했는데 이때 채택된 '한살림 선언'을 읽어 보면 어마어마하다. 그저 내 식구 건강을 챙기자는 수준의 사고가 아니다. 사고의 폭은 인류의 문명 전체와 우주까지 포함한다. 천도교와 기독교 등 종교의 영향도 커 보인다. 그도 그럴 것이 이를 함께 정리한 사람은 장일순, 박재일, 최혜성, 김지하였다. 1990년에 정기 간행물 『한살림』이 창간되는데, 이를 편집한 사람이 놀랍게도 「아침이슬」의 창작자 김민기이다. 강원도 원주의 민주화운동·농민운동의 대부였던 장일순으로부터 시작된 장대한 인맥이 만들어 낸 결과물이었다.

한편 이 씨알살림축산을 세운 신동수는 1970년대 민주화운동의 전설적인 인물이다. 그에게 '전설적인'이란 말이 붙는 것은 참으로 적절하다. 열심히 활동했을 뿐 아니라 표면으로 잘 드러나지 않은 인물이었기 때문이다. 이 시기에 운동했던 사람들을 만나 보면 1970년대 중반부터 10여 년 동안 정말 많은 사건에 신동수가 핵심적으로 간여되어 있지만 신동수는 늘 앞서지 않고 뒤에서 조용히 움직이는 인물이었다고 입을 모은다. 꼭 시위 사건만이 아니다. 1978년 비합법 음반으로 발표된 김민기의 노래극 「공장의 불빛」의 창작·제작에까지 신동수가 깊숙이 간여하고 있었다는 것이다. 그는 '명인'으로 이름을 떨치는 유명 생산자도 아니고 환경운동의 깃발을 든 단체 대표도 아니다. 그저 식재료 유통 업체를 운영하면서 생산자와 소비자를 연결하고 그들의 바람직한 생산과 올바른 소비를 부추기고 있었으니, 민주화운동 할 때나 지금이나 참으로 일관되게 그다운 모습을 보여 주고 있는 셈이다.

시대를 앞서가는 새로운 사고와 과감한 실천은 누구나 쉽게 할 수 있는 것은 아니다. 이제는 서울 시내 동네마다 없는 곳이 없는 생협이나 친환경 식품점들에 이처럼 불모지를 헤쳐 온 사람들의 노력이 있었음을 기억하는 일은 중요해 보인다.

2. 마트와 생협 사용법

깔끔한 랩 포장을 경계한다

누구나 그렇겠지만 나도 적잖은 식재료를 마트에서 구입한다. 우리 집 바로 앞에는 농산물을 싸게 파는 중형 마트가 하나 있어 수시로 들락거리며 뭔가를 산다. 이마트나 홈플러스 같은 대형 마트에는 가끔 동네 중형 마트에서 구입할 수 없는 물건이 있을 때에만 가는 편이다. 대형 마트는 물건의 종류가 다양하고 포장의 상태와 진열이 깨끗하고 예쁘기는 하지만 집 앞의 중형 마트보다는 농산물 가격이 훨씬 비싸다.

그런데 사실 포장이 예쁘다는 것이 나에게는 그다지 끌리는 요소가 아니다. 일단 무엇이든 포장지로 싸면 그 안의 것을 정확하게 보기가 힘들다. 깔끔한 랩으로 포장해 버리면, 그 속에 든 물건이 얼마나 탱탱한지 윤기가 자르르 흐르는지 여부를 정확하게 알 수가 없다. 랩이 워낙 윤기가 있는 포장재라서 웬만한 물건이면 다 반짝거리고 신선해 보이기 때문이다. 바닥을 받치고 있는 스티로폼 포장재를 집에 갖고 와서 버려야 하는 점도 스트레스 요인이다. 스티로폼은 원칙적으

345

로는 재활용이 되는 물품이지만, 스티로폼의 원재료인 원유
값이 쌀 때에는 재활용 수거를 안 해 주는 경우가 많다. 수거
와 재처리 비용이 더 많이 든다 싶으면 재활용을 안 하기 때
문이다. 시각적 깔끔함을 포기하지 못하여 치러야 하는 대가
는 참 크다.

그래서 나는 대형 마트이든 동네 마트이든, 벌크로 쌓여 있
는 물건을 비닐 봉투에 주섬주섬 골라 담는 방식을 좋아한
다. 혹은 그냥 비닐 봉투에 오이 2개, 가지 3개, 이런 식으로
담아 놓고 파는 것을 사는 경우가 많다. 적어도 그런 비닐봉
투는 랩처럼 상품을 매끈하게 보이도록 만들지 않는다. 한마
디로 말해 겉으로 보이는 것에 그다지 혹하지 않아야 한다고
생각하고 의식적으로 이런 상품을 고르는 방식이다. 게다가
그 비닐봉투는 여러 번 다시 쓸 수 있으니 일석이조이다.

원산지와 제철을 생각한다

시각적 깔끔함 대신 내가 중시하는 것은 두 가지이다. 첫
째, 원산지이다. 식재료의 원산지는 그 물건에 대한 참 많은
정보를 짐작하게 해 준다. 국산이냐 수입산이냐 하는 것은
이제 판매점에서 게시해 놓아야 하는 정보가 되었다. 그런데
그것뿐 아니라 유심히 보면 국내 생산품도 어느 지역의 것인
지 알 수 있는 경우가 많다. 진열대 앞에 쌓여 있는 박스를 살

퍼보거나, 시금치를 단으로 묶어 놓은 빨간 띠에도 생산 지역 표시가 되어 있다. 그 재료가 많이 생산되는 유명 산지인지, 우리 동네에서 얼마나 먼 곳의 것인지 등을 짐작하기에 좋다. 예컨대 진짜 포항초 시금치인지를 알려면 가장 편한 방법인 바로 빨간 띠에 적힌 글씨를 확인하는 것이다.

둘째는 제철 재료인지를 따지는 것이다. 어차피 일반적인 마트에 나오는 물건은 농약이나 비료를 모두 쓴 관행농의 산물이다. 그 식물이 생장하기 가장 좋은 계절에 그나마 농약이나 비료를 덜 쓸 가능성이 높다. 특히 '첫물'이 아니라 '끝물' 물건이라면 더욱 그럴 것이다. 그래서 나는 가능하면 계절이 충분히 무르익었을 때에 산다. 애호박과 풋고추는 가능하면 여름에, 참외는 8월 말에 구입하는 식이다. 높은 온도에서는 자라지 않는 통배추도 한여름에는 포기하고 날이 선선해지는 가을부터 사기 시작한다. 이런 제철 식재료는 일조량이나 통풍 등에서 가장 좋은 조건에서 성장하니 맛과 영양도 있다.

앞면보다는 뒷면을 살핀다

공장제 가공 생산품은 '뒷면'을 꼼꼼히 살피는 것이 핵심이다. 흔히 앞면에는 홍보하고 싶은 것을 쓰고, 뒷면에 자잘한 글씨는 의무적으로 쓸 수밖에 없는 사실들을 적는다. 예컨

347

대 앞면에는 '무설탕'이라 크게 써놓은 제품이라도, 뒷면을 보면 아스파탐 같은 합성 감미료나 액상 과당을 넣었다고 쓰여 있는 경우가 많다. 그럼 따져 봐야 한다. 아스파탐 같은 인위적으로 합성된 화학 물질을 먹어야 할 만큼 내가 그토록 설탕을 피해야 하는 사람인가 아닌가 하는 점을 생각하는 것이 마땅하다. 물론 다른 영양소가 거의 없이 오로지 당분뿐인 설탕을 많이 먹는 것은 누구에게나 좋을 리 없지만, 설탕 대신 인공적 화학 물질을 먹어야 한다면 얘기가 달라진다. 설탕 대신 과당을 먹는 것은 더욱 비합리적인 선택이다. 설탕이나 과당이나 모두 당이긴 마찬가지이니 혈당도 올라가고 살도 찐다. 그런데 액상 과당이 설탕보다 더 유해하다고 주장하는 견해들도 적지 않다.

물론 뒷면을 꼼꼼히 읽기 위해서는 꽤나 지식이 필요하다. 모르는 말이 너무 많기 때문이다. 하지만 요즘은 웬만한 궁금증은 인터넷이 해결해 주니 그도 참으로 다행이다.

오히려 이때 필요한 지식이란 어찌 보면 합리적 의심을 품는 태도일 수 있다. 그저 막연한 불신이 아니라 식품에 대한 상식적 궁금증을 가지는 것 말이다. 예컨대 유명 오렌지주스의 가격을 보면 왜 저렇게 저렴한지 당연히 의심을 해 보아야 한다. 미국산 오렌지 가격을 생각해 보라. 그 오렌지로 만들었다는 주스가 어떻게 그렇게 쌀 수 있단 말인가. 생오렌지를 운반하는 비용이 꽤 비싸겠지만, 즙으로 만들어 놓은 액체를 운반하는 비용도 만만하지 않을 것 아닌가. 조직을 파괴해서 즙으로 만들어 놓으면 훨씬 잘 상한다. 그런데 그걸 바다 건너까지 가져와서 그렇게 싸게 판다고? 고개를 갸우뚱해 보는 것이 상식적이다.

　비밀의 실마리는 가열이다. 소비자들은 '100퍼센트 오렌지주스'와 '무설탕'이라고 쓴 제품은 오렌지를 그대로 갈아서 아무것도 안 넣고 그대로 병에 넣어 파는 것이라고 착각하기 쉽다. 하지만 대개 이런 주스는 진짜 100퍼센트 오렌지 생즙을 가열하여 7분의 1로 농축한 상태로 들여와 국내에서 재가공한 것이다. 가열하면 멸균되기 때문에 장기간 보관이 편해지고, 게다가 7분의 1로 농축하면 무게와 부피가 확 줄어들어 운반 비용이 저렴해진다. 이렇게 들여온 농축액에다 7배의 물을 섞으면 '100퍼센트 오렌지주스', 14배의 물을 섞으면 '50퍼센트 오렌지주스'가 되는 것이다. 가열하여 농축했으니 긴 농축 과정에서 당연히 특유의 오렌지 향과 새콤한 맛이 줄어든다. 그래서 여기에 오렌지 향이 나는 합성 향료와 신맛이 나는 구연산을 첨가하는 게 보통이다. 이런 농축 과즙을 이용한 주스와 구별하기 위해 요즘은 '비농축 과즙' 혹은 '비살균·비농축 생과일주스'를 팔기도 한다. 그냥 '비농축 과즙'은 생즙을 가열하여 살균하되 농축하지는 않는다. '비살균·비농축 생과일주스'는 농축은 물론 가열도 하지 않고 착즙한 것을 바로 병에 넣어 파는 것이다. 당연히 유통 기한이 아주 짧고 가격도 비싸다.

식품 가공에 대한 상식을 높이자

오렌지주스가 다른 가공식품에 비해 비정상적이라는 이야기를 하려는 것이 아니다. 그저 한 예일 뿐이다. 내가 강조하고 싶은 말은 합리적인 의심을 하고 뒷면의 식품 첨가물을 꼼꼼히 읽어야 하고, 비슷한 다른 제품의 뒷면과 비교하면서 따져 봐야 한다는 것이다. 그런 게 다 귀찮으면 좀 비싸더라도 생협을 이용하는 게 속이 편하다. 생협의 직원이 문제가 있을 듯한 것들을 미리 걸러서 물품을 선택하기 때문이다. 따라서 취급하는 가짓수가 적고 가격도 비싸다. 하지만 이런 물품만 골라서 모아 놓는 수고로움을 대신 해 주는 것이니 그 수고비를 지불하는 것이 마땅하다.

하지만 일반 마트를 이용하든 생협을 이용하든, 식품에 대한 기본 상식을 높여 놓는 것은 일단 중요한 일이다. 그냥 '몸에 나쁘다' 혹은 '몸에 좋다'가 아니라, '왜 나쁘고 왜 좋은가'라고 물어야 하는 것이다. 요즘처럼 건강식품, 기능성 식품이 난무하는 시대에는 더욱 그렇다. 사람마다 다 몸이 다른데 남의 몸에 좋았던 먹거리가 자신의 몸에도 다 좋다고는 단정

350

할 수 없는 것이다.

3. 인터넷 쇼핑 바로 하기

판매자에 주목하자

나는 인터넷을 통해 먹을거리를 많이 산다. 내 컴퓨터 인터넷 창을 열어 놓고 '즐겨찾기'를 클릭해 보면 90퍼센트 정도가 먹을거리 파는 사이트이다. 남이 보면 민망할 정도로 많다.

인터넷 쇼핑으로 무언가를 사려고 할 때에 가장 쉽고 저렴하게 구입할 수 있는 곳은 G마켓, 11번가, 옥션 같은 곳이다. 하지만 이곳에는 너무나 많은 물건이 올라와서 오히려 고르기 힘들기도 하다. 이럴 때에는 검색어를 요령 있게 넣어야 한다. 예컨대 수입산을 피하고 싶으면 '국산'이라는 검색어를 함께 넣는 식이다. 그냥 '감귤'이라 검색하지 않고 '무농약 감귤', '유기농 감귤' 등으로 검색하면 수가 훨씬 줄어들어 고르기 편하다. 즉 자신이 원하는 내용을 검색어로 잘 선택해서 넣는 것이다.

그래도 너무 많은 물건이 검색된다면 어떻게 할까? 판매자가 설명해 놓은 자기 물건의 장점을 꼼꼼히 읽어 보는 것은 기본이다. 그저 '맛이 죽여요!' 같은 문구 말고, 농산물을 어떻게 키웠는지, 크기가 어느 정도의 것인지 등 객관적 사항을 상세히 적어 놓은 것들이 신뢰할 만한 것이다.

그런 점에서 나는 '판매자'에 주목하는 편이다. 가능하면 생산자가 직접 판매하는 것을 고르려 한다. 농민이라서 설명이 불친절한 경우도 꽤 많지만, 상당히 객관적이고 상세하게 자신들의 재배 방법과 강점, 심지어 결점까지 솔직하게 써 놓은 곳도 많다. 중간 상인을 거치면서 정보가 왜곡될 우려는 크게 줄어든다. 생산자가 직접 판매를 하지 않는 경우라면 어떨까? 판매자가 어떤 물건들을 파는 사람인지를 살펴보아 그 물건에 대한 전문성을 가진 판매자인지, 아니면 그저 싼 물건을 사서 파는 사람인지 여부를 판별한다. 예컨대 과일을 파는 판매자가 화장지, 의류, 골프공 등 다양한 분야의 자잘한 물건들을 다 취급하는 경우라면, 과일 판매자로서의 전문성은 없다고 보는 게 옳다. 즉 이런 물건은 어쩌다가 값싼 덤핑 물건을 만난 경우라고 보는 것이 합리적이다. 물론 그런 경우에도 값싸고 좋은 물건이 있을 수도 있으나, 그렇지 않을 가능성이 높다고 판단한다.

친환경 전문 사이트에서도 조심할 일

그런데 아무래도 이런 큰 판매 사이트에서는 일반적인 방식으로 재배한 관행농 농산물이 낳다. 친환경 농산물만 구입하고 싶다면 이런 전문 사이트를 찾는 게 합리적이다. 요즘은 이런 곳이 엄청나게 많다. 각 생협에서도 다 인터넷 쇼핑몰을 운영하고 있다.

　이런 경우 대개 사이트의 시각적인 면에 혹하는 경우가 종종 있다. 마치 진열이 잘 되어 있고 인테리어가 세련된 매장의 물건에 더 신뢰감이 가듯, 홈페이지가 잘 디자인되고 매끈하게 관리되는 곳의 물건을 더 선호하는 현상 말이다. 그러나 누차 이야기하듯이 대형 백화점 물건이 꼭 재래시장 물건보다 좋다는 것은 편견인 것처럼, 인터넷 쇼핑에서도 마찬가지이다. 오히려 시각적으로 매끈하게 꾸며 놓은 것일수록 중요하고 객관적인 정보가 눈에 잘 띄지 않도록 '배려'된 경우가 적지 않다. 예컨대 친환경 야채와 과일을 원하는 소비자라면 일단 '무농약', '유기농' 등의 등급 표시에 가장 주목해야 한다. 그런데 판매 사이트에서 '꼼꼼한 농부 홍길동이 까칠하게 키우고 고른 친환경 감자' 이런 식으로 써 놓는다면 어떨까? '꼼꼼한', '까칠한' 같은 말이 신뢰감을 주어 그 물건에 호감이 생긴다. 그런데 막상 클릭해서 물건의 설명을 살펴보면 무농약이나 유기농이라는 말이 없다. 왜 친환경인지에 대한 설명도 없다. 그렇다면 이건 농약과 화학 비료를 다 써서 키웠다고 보아야 한다. 농약과 화학 비료를 꼭 완벽하게 배제해야 한다고 주장하는 것은 아니다. 적어도 알고 먹어야 한다는 것이다. '착각'을 일으키는 문구에 현혹되지 말자는 것이다.

그런 점에서 나는 팔도다이렉트(http://www.8dodirect.com)나 한농마을(http://www.hannongmall.com), 한마음공동체(http://ecohan.co.kr) 사이트처럼 디자인이 소박한 곳이 마음 편하다. 한농마을과 한마음공동체는 친환경 농업 생산자들을 기반으로 하는 곳이고 팔도다이렉트는 순수하게 유통만 하는 곳이다. 특히 한농마을은 쌀이나 채소, 과일 등은 물론 유기농 밀로 만든 국수나 빵 등 가공식품도 생산한다. 다른 생협에서도 한농마을에서 생산한 농산물과 가공식품은 자주 눈에 띈다. 팔도다이렉트는 순수하게 유통만 하는 곳인데, 운영자가 그 물건을 왜 선택했는지 직접 생산자를 찾아가서 취재한 사진과 글로 꼼꼼하게 기록해 놓았다.

HACCP, GAP, 무농약, 유기농… 아, 헷갈려!

한농마을과 팔도다이렉트의 농산물은 무농약이나 유기농 등급이 아닌 것이 거의 없다. 대신 한마음공동체는 유기농이나 무농약 등급이 아닌 물건들도 꽤 취급하는데 사진이 화려하지 않아 친환경 인증 표시가 비교적 눈에 잘 띄는 편이다. 물론 인증 표시의 생김새가 비슷하여 '저탄소', 'GAP' 인증 표시를 '무농약', '유기농' 표시로 자주 오인하기도 한다. 녹색 네모 표시에 무언가 쓰여 있으면 그저 농약을 안 썼겠거니 생각하면 안 된다. 마트 이용 때에는 물론 이런 인터넷 사이트

로고	GAP	HACCP
관리기준	1차 농산물 우수관리기준	수산물·축산물 및 식품안전 관리 인증기준
적용대상	식용 가능한 농산물을 생산하는 농가	수산물·축산물, 식품업체 가공업

해썹(HACCP)과 GAP 인증 표시

를 이용할 때에도 주의할 점이다.

이쯤에서 이런 사항을 정리하고 넘어가자.

우선 이해할 것이 '해썹(HACCP)' 표시이다. 식품 생산에서 위해 요소가 혼입되거나 오염을 방지했다는 표시인데, 주로 가공식품을 생산할 때에 공장에서 무언가 못 먹을 것들이 들어가거나 불결하게 생산되지 않았다는 정도의 표시라고 생각하면 된다. 열심히 선전하는 물건들이 많지만 농약이나 화학적 첨가물 사용 여부와는 아무 관련이 없다. 농약이나 화학적 첨가물을 사용하는 것은 불결하다고 판단하지 않기 때문이다.

농림산물		축산물		가공식품
유기 농산물	무농약 농산물	유기 축산물	무항생제 축산물	유기 가공식품

친환경농산물 인증 표시

'GAP'은 인증 표시를 잘 살펴보면 '우수 관리 인증'이라고 조그맣게 쓰여 있다. 이는 관련 기준에 따라 농장을 적정하게 운영했다는 표시이다. 즉 '적정한 수준'의 농약, 화학 비료 등은 모두 써도 되는 것이다. '저탄소' 인증은 생산 과정의 탄소 배출량이 핵심이다. 역시 무농약 등과는 무관한 인증이다.

그에 비해 농약이나 화학 비료, 화학적 약품 등과 관련한 인증은 농산물에는 '무농약', '유기농', 축산물에서는 '무항생제', '유기 축산물', 가공식품에서는 '유기 가공식품'이다. 축산물에서 '무항생제'와 '유기 축산물'의 차이는 달걀과 돼지고기 편에서 상세히 설명했으므로 더 이상 이야기할 필요는 없을 것 같다. '무농약'은 제초제를 포함한 농약을 전혀 쓰지 않고 화학 비료는 기준량의 1/3 이하를 쓴 경우, '유기농'은 농약과 화학 비료를 모두 쓰지 않은 경우이다.

농산물에서 예전에는 '저농약' 등급이 있었는데 몇 년 전에 사라졌다. 그러면서 'GAP' 같은 새로운 인증이 생겨나자 이전의 저농약 생산을 하던 농가들이 주로 'GAP' 인증을 받았다. 농약을 쓰지 않고는 키우기 힘든 사과, 배 등의 농산물들은 생협에서도 거의 'GAP' 인증을 받은 물건들을 판다. 마치 키우기 힘든 유기농 돼지고기·쇠고기가 너무 비싸고 귀하기 때문에 생협에서도 그저 '무항생제' 등급을 파는 것과 비슷한 양상이다. 즉 'GAP' 표시가 있더라도 흔히 허용되는 정도의 농약 등은 다 쓰고 키운 물건이다.

유기농 콩 간장 ≠ 유기 가공식품

'유기 가공식품'을 이해하는 것도 중요하다. 일반 마트의 가공식품에서는 '유기 가공식품'이라는 인증을 거의 찾아보기 힘들다. 그런데 재료를 유기농으로 썼다는 물건들은 조금 있다. 예컨대 '유기농 콩으로 만든 간장' 등의 물건들 말이다. 재료를 유기농으로 썼다면서도 '유기 가공식품'이라는 인증 표시는 없다. 이것들과 '유기 가공식품'은 어떻게 다를까?

유기 가공식품은 재료의 95퍼센트 이상을 유기농으로 써야 하는 것은 물론 가공 과정에서도 과도한 화학적 처리 등을 하지 않는 등 까다롭게 관리된다. 그에 비해 '유기농 콩으로 만든 간장'이라고 재료의 '유기농'을 강조한 경우는 '그 재료만' 유기농이라고 보면 된다. 즉 다른 재료에서는 유기농이 아닌 것들을 쓰고, 가공 과정 역시 '유기 가공'의 기준에는 합당하지 않은 처리들이 이루어졌다는 의미이다.

예컨대 간장의 재료로 들어가는 콩을 모두 유기농 콩으로 썼다고 하자. 그래도 대개 대기업의 공장에서 만들어 내는 간장은 모두 '탈지 대두'를 쓴다. 즉 콩에서 기름을 빼고 남은 것을 쓰는 것이다. 그런데 기름 추출 과정에서 화학 약품을 쓴다. 그냥 압착해서 짜는 것이 아니다. 게다가 저장과 숙성 과정에서 또 일부 화학 물질을 넣기도 한다. 그렇다면 이것은 재료가 유기농 농산물일 뿐 '유기 가공' 등급은 받을 수 없다.

믿을 만한 생산자들과 단골 맺기

다시 인터넷 쇼핑 이야기로 돌아와 보자. 여태껏 이야기한 것은 주로 여러 물건을 파는 곳을 이용하는 방법이었다. 그런데 해마다 자주 사게 되는 품목, 혹은 대형 사이트에서 구하기 힘든 귀한 물건은 아예 믿을 만한 생산자의 사이트를 찾아서 단골로 삼는 것이 편하다.

나는 사과, 포도, 한우, 키위, 감귤, 레몬, 명란젓 등의 품목은 직접 생산자 사이트를 찾아서 산다. 사과, 포도, 한우 등은 유기농 등급으로는 구하기가 워낙 힘들다. 제주도에서 키우는 무농약 레몬도 마찬가지이다. 생협에서는 취급하기 힘드니 직접 생산자를 찾아 거래하는 것이 가장 편한 방법이기도 하다. 물론 일단 그런 생산자를 찾는 과정에서 품이 좀 든다. 인터넷에서 '유기농 사과', '유기농 포도', '유기농 한우', '무농약 레몬' 등으로 검색한다. 다음이나 네이버 등 포털사이트에서는 가장 위쪽에 '프리미엄 링크'라고 분류된 것들이 뜨는데, 그건 일종의 광고이므로 무시하고 지나간다. 그 아래쪽에 있는 일반적인 사이트들을 하나하나 열어 봐야 한다. 이게 꽤 시간이 걸린다. 사이트에 들어가 보면 대강 감이 잡힌다. 농장을 운영하는 생산자인지 유통업자인지는 금방 판단된다.

물론 직접 찾아가서 확인하는 것보다는 못하지만 그래도 인터넷 세상이니 이게 가능한 것 아니겠는가. 이렇게 골라 물건을 한 번 사 보고, 좋다고 판단되면 단골로 삼는 것이다. 포도나 명란젓 등은 앞서 이야기했으니 또 이야기할 필요는 없을 것 같다. 사과는 '나래농산', 한우는 '네이처오다', 이런 식으로 선택해서 '즐겨찾기'에 저장해 놓는 것이다. 가끔 내가 사이트에서 직접 고른 농장의 물건이 친환경 식품 전문 사이트에 올라와 있는 경우도 발견한다. 예컨대 토마토를 파는 '달기농장' 같은 곳은 팔도다이렉트에서도 살 수 있다. 이럴 때에는 내 선택이 그리 틀리지 않았다는 생각에 흐뭇해진다.

4. 재래시장 사용법

재래시장은 정이 넘친다고?

좋은 식재료를 구입하는 또 하나의 길은 재래시장을 적극적으로 이용하는 것이다. 아마 이 대목에서는 갸우뚱하는 독자들이 꽤 있을 것이다.

재래시장은 신문 사회면의 단골 걱정거리이다. '재래시장에 점점 손님이 줄어든다', '재래시장을 편하게 만들기 위해서 시설 투자를 한다' 등의 기사는 이제 읽을 필요가 없을 정도로 익숙하다. 오죽하면 재래시장 활성화를 위한 '온누리상품권' 같은 것을 만들었겠는가.

그런데 나는 재래시장을 이용하자는 온갖 캠페인이 그리 호소력이 있다고 보이지 않는다. 대개 이런 캠페인의 핵심 내용은 '재래시장에는 정이 있다'는 것이다. 자, 여태껏 재래시장을 가기 싫어했던 사람들이 이런 문구를 보고 재래시장을 다시 이용하겠는가? 천만의 말씀이다.

재래시장을 이용하지 않는 젊은 주부들은 바로 '그놈의 정' 때문에 재래시장이 싫은 것이다. '정이 있다'는 말은, 상인과 소비자가 직접 대면하면서 말을 주고받고 흥정을 하기 때문에 생기는 말이다. 직접 말을 섞어야 물건에 대해 물어보기도 하고 '덤을 달라', '깎아 줄 수 있냐' 이런 말도 할 수 있는 것이다. 그런데 재래시장에 가지 않는 사람들은 바로 이런 '직접 대면'이 불편하고 싫은 것이다. 마트와 비교해 보자. 상인이 소비자를 빤히 보고 있으니, 그 앞에서 살까 말까 오랫동안 생각하고 망설일 수가 없다. 만져 보기도 부담스럽다. 싫어하는 주인의 표정을 바로 느끼기 때문이다. 대신 슈퍼마켓이나 마트에서는 일일이 가격을 대조해 보고 '우리 집 냉장고 안에 어떤 재료들이 남아 있지?' 하는 생각을 하면서 망설일 충분한 시간이 주어진다. 복숭아처럼 금방 물러지는 물건만 아니라면 조금 만져 본다고 해도 싫은 소리를 할 사람이 없다. 그러니 이렇게 물건 고를 때에 사람을 대면하지 않는 방식이 편한 사람들은 재래시장을 이용할 수가 없다. 결국 재래시장에 늘 익숙해져 있는 노인들만 그곳을 찾게 된다.

그래서 나는 '정'을 강조하는 방식으로는 한계가 있다고 생각한다. 마트에서는 살 수 없고 오로지 재래시장에서만 살 수 있는 물건이 있다는 사실을 깨달아야 재래시장을 이용하게 되는 것이다. 그런데 그런 물건이 있을까?

마트나 생협에는 없고, 오로지 재래시장에만

시장에서는 친환경 물건을 기대할 수는 없다. 무농약이나 유기농 인증이란 늘 포장지에 붙어 있기 마련인데, 시장에서처럼 야채를 수북하게 쌓아 놓고 저울에 달아 판매하는 방식은 이것이 가능하지 않다.

하지만 큰 재래시장의 좌판 물건은 꽤나 흥미로운 것들이 많다. 오래된 시장일수록 특정 품목에 정통한 상인들이 있게 마련이고, 이들 중에는 일반적인 도매시장을 경유하지 않고 직접 물건을 받아오는 경우가 많다. 즉 마트에도 생협에도 없는 물건들이다. 예컨대 내가 사는 서울 불광동의 대조시장에는 자잘한 표고버섯만 파는 곳이 있다. 크기가 500원짜리 동전만 한 것들을 비교적 싼 값에 판다. 이런 물건은 도매시장을 경유한 것이 아니다. 표고를 키우다가 솎아야 하는 작은 것들만 모아서 따로 파는 것이다. 이 상인은 분명 어느 표고 농장에서 직접 물건을 받아 올 것이다. 이렇게 자잘한 표고는 부침을 하기에 아주 좋으며, 볶음 요리에도 절반만 썰어 넣으니 편하다. 또 어느 곳은 나물만 파는 곳이 있는데, 특히 봄에는 마트에서는 구경하기 힘든 엄나무순, 가죽나물, 홑잎나물, 자연산 생취와 머위 같은 것들까지 고루 갖추어 놓았다.

내가 즐겨 찾는 생선 가게에서는 선어(鮮魚) 회, 즉 죽은 지 얼마 안 되는 싱싱한 생선으로 회를 떠 준다. 흔히 회는 살아 있는 활어(活魚)만 먹어야 하는 것으로 생각하는데, 죽은 후 얼마 지난 생선도 충분히 횟감으로 쓸 만한 것들이 많다. 동해안 항구의 어시장에서 횟감이라고 파는 가자미나 오징어, 학꽁치 등은 대부분 활어가 아닌 선어이다. 특히 이런 선어는 자연산이 많다. 양식장에서 키운 생선이 상대적으로 활어로 유통시키기에 편하기 때문이다. 이 생선 가게에서는 철 따라 좋은 선어를 횟감으로 판다. 너무 비싸서 사 먹을 엄두도 못 내는 자연산 광어도 이곳에서는 값싸게 맛볼 수 있다. 도시의 시장에서 선어 회라니, 신선도가 떨어진 것이면 어쩌냐고? 그러니 동네 단골이 중요하다. 동네 사람을 상대로 장사하는데 속이고 팔 수는 없는 노릇 아닌가.

일일이 거론하자면 끝이 없다. 어느 곳은 꽃게와 전어, 낙지 등만 취급하고, 또 어떤 곳은 우엉, 도라지, 더덕, 연근 같은 뿌리채소만 판매한다. 가격이 비싸지 않다. 재래시장에는 소규모 점포에서 몇몇 품목만 수십 년 취급한 베테랑들이 많다.

매의 눈으로 스캔하라

단 재래시장에 익숙지 않은 사람들은 여전히 주인 없는 판매대 앞에서 긴 시간을 보내며 망설이는 '마트식 구매'를 하지 못해서 불편할 수 있다. 하지만 나는 마트에 익숙해진 방식으로 재래시장을 이용한다.

충동구매를 하지 않으려면 대강 구입할 물건들을 머릿속에서 정리해 놓는 것은 기본이다. 그리고는 일단 시장의 처음부터 끝까지 쭉 걸어가면서 주변의 물건을 눈으로 빠르게 스캔한다. 예컨대 봄에 취나물을 사야겠다고 마음먹었다면 시장을 훑으면서 여러 점포의 취나물 상태를 비교한다. 그리고 다시 되돌아오면서 마음속에 점찍은 곳에서 물건을 산다. 사실 마트에서도 이런 방식으로 구매하지 않는가? 한 바퀴 돌면서 같은 물건이라도 어디에서 '1+1'을 파는지 살펴본 후에 산다. 재래시장이라고 다를 바 없다. 단 물건의 질을 살펴야 하니 조금 더 난이도가 높긴 하다.

쓸데없이 깎아 달라는 둥 덤을 더 달라는 둥 해야 한다는 강박관념을 가질 필요가 없다. 사실 이렇게 실랑이한다고 큰 이득이 생기지도 않는다. 괜히 재래시장이니까 그래야 할 것 같아서 실랑이를 하는 사람이 많지만 그것 때문에 괜히 감정만 상할 수도 있다. 하루 종일 손님을 상대해야 하는 상인들도 이런 손님 대하기는 괴롭다. 오히려 상인에게 말을 붙이고 싶으면 '이 집 물건이 참 좋다.'고 덕담을 하는 편이 좋다. 그러면 다음에 만날 때에는 인심이 더 후해진다.

농민들의 보따리 물건들

내가 재래시장에서 가장 좋아하는 물건은 시장 안에 고정적으로 자리를 잡고 있는 상인이 아니라, 간헐적으로 보따리를 들고 나와 시장 주변의 길가에 앉아서 파는 '아마추어 상인'들의 물건이다. 물론 이런 상인이 전혀 없는 재래시장도 적지 않지만, 변두리의 큰 시장 주변에는 한두 명씩 이런 보따리 상인들이 있다. 특히 오일장이 서는 날은 이런 아마추어 상인들이 집중적으로 모인다.

불광동 대조시장에서는 오일장 같은 것이 서지 않는다. 그러나 서부 시외버스 터미널이 있던 곳이어서, 경기 북부 지역의 농민들이 보따리 들고 시외버스 타고 와서 좌판을 벌여 왔던 관행이 오래 축적된 곳이다. 그래서 지금도 주로 주말에는 자신들이 키운 농산물을 들고 좌판을 벌이는 사람들이 꽤 있다. 주로 그 계절에만 나오는 채소들이 주를 이룬다.

이런 물건이란 도매시장을 거치지 않고 바로 그날 아침에 수확한 것이다. 당연히 신선도가 다르다. 봄철에는 손가락 길이만 한 배추 솎음, 엄지 길이 정도밖에 안 되는 상추 솎음, 초봄에 처음 베어 온 부추, 아주 연한 풋고추 같은 것들을 가지고 나온다. 이런 것들은 너무 연해서 도매시장에 출하할 수 없는 물건들이니 이곳에서만 살 수 있는 것들이다. 게다가 특별히 친환경 인증을 받지 않았다 하더라도 비교적 농약의 오염이 덜한 것들이다. 땅에 축적된 제초제 성분이야 어쩔 수 없이 작물에 들어가 있겠지만, 아직 너무 어려서 공중 살포하는 농약은 뿌리기 이전의 상태이기 때문이다. 시골의 오일장에 가 보면 더 재미있는 물건들이 많다. 산나물도 분류되지 않은 채 무더기로 팔기도 한다. 고사리와 취나물, 가끔 자잘한 두릅까지 마구 뒤섞여 있다. 가을에는 기온 탓에 제대로 자라지 못하고 꼬부라진 작은 오이가 나오기도 한다. 아작아작해서 피클이나 장아찌 담그기에 딱 좋은 것들이다.

보따리 들고 나온 아마추어 상인들의 물건은 정리가 잘 되어 있지 않고, 장사도 서투르다. 그래서 눈썰미가 없으면 물건의 진가를 발견하기 힘들다. 눈썰미, 사실 그게 좋은 식재료를 사는 데에는 가장 중요한 능력일 수 있다. 하지만 몇 번 하다 보면 눈썰미도 늘게 마련이다.

5. 농사 체험의 중요성

아파트 사는 사람은 어쩌라고?

눈썰미를 높이는 가장 좋은 방법은 직접 농사를 지어 보는 것이다. 이쯤 되면 많은 독자들이 '도시에 사는데 어쩌라는 거냐?'라며 허탈해할지도 모르겠다. 하지만 그렇게 겁먹을 필요는 없다. 귀촌해서 농사꾼이 되라는 말이 아니니까.

그냥 자신이 소비하는 기본적인 야채와 과일이 어떻게 키워지는지에 대한 기초적인 상식을 가지라는 것이다. 아이를 키워 본 사람은 남의 아이를 봐도 그 옷매무새나 손발의 상태로 대충 어떻게 사는 아이인지 짐작할 수 있지 않은가. 식재료도 마찬가지이다. 식재료에 대한 눈썰미를 키우는 것은 그저 작은 텃밭만 3~4년 경험하는 것으로도 충분하다.

나는 30대를 경기도 이천의 시골 마을에서 살았다. 서울내기라서 아무것도 모르던 나는 거기에 가서야 처음으로 미나리와 머위가 땅에서 솟아나오는 것을 경이로운 눈으로 보았고, 상추가 그토록 작은 떡잎부터 시작하는 작물인지도 처음 알았다. 씨를 심어 떡잎이 나고 본잎이 손가락 두 마디쯤 두어 개 펼쳐진 여린 상추를 솎아다가 양념간장과 참기름 넣어 밥을 비벼 먹으면 얼마나 맛있는지, 초봄에 처음 땅에서 솟아나오는 부추가 어떤 모양인지 알게 되었고, 언제쯤부터 오이와 호박이 제대로 자라기 시작하는지 감이 잡히기 시작했다.

푸른 이파리의 식물이 무조건 여름에 잘 자라는 것이 아니고, 배추와 무는 날이 시원해져야 제대로 성장하는 종류임도 알게 되었다. 심지어 배추와 무는 무더운 한여름에는 싹도 트지 않고 자라지도 않으며 병충해만 기승을 부린다는 것을 눈으로 보면서, 왜 여름에 '강원도 고랭지 배추'라는 게 나오는지 이해하게 되었다. 자두나 살구는 농약을 덜 쳐도 잘 열렸지만 사과와 배는 농약을 안 뿌리면 벌레 극성에 이파리가 하나도 없이 초토화되거나 바이러스에 감염되어 버리는 엄청 까다로운 작물이라는 걸 체험하면서, 왜 생협의 사과와 배에서도 무농약이나 유기농 인증 상품을 찾아볼 수 없는지 이해하게 되었다.

식재료의 일생을 모두 지켜보는 것

작은 텃밭이라도 일 년의 전 과정을 두어 번 겪어 보면 그 식물의 처음부터 끝까지의 모습을 대강 상상할 수 있는 능력이 생긴다.

마트에 상품화되어 나오는 물건이 얼마나 전문가의 손에 의해 잘 조율되고 다듬어진 것인지 알게 되고, 그런 모양으로 만들기 위해서는 화학 비료나 농약을 쓰게 된다는 것을 알게 된다. 더더구나 그런 번듯한 모양의 것이 아니더라도 먹는 데에는 전혀 지장이 없다는 것도 알게 된다. 단지 그것들은 외양이 못났고, 유통하기에 불편해서 시장에 나오지 않을 뿐이다. 꼭 예뻐야만 맛있는 것은 아니라는 것, 건강하고 맛있는 식재료는 모양과 무관한 경우가 꽤 많다는 사실을 깨닫게 된다.

너무 상식적인 말이라고? 천만의 말씀이다. 텃밭 체험을 하기 시작하는 초보들은 누구나 마트에 나오는 물건 같은 외양이 나오기를 엄청나게 기대하고, 그 모양이 나오기 전까지는 수확도 하지 않으려 한다. 예컨대 8월에 김장배추 씨를 뿌려 놓았다고 치자. 그것이 통배추가 되기까지는 3개월이 걸린다. 마트에서 파는 것 같은 알이 통통하게 밴 무거운 배추가 나오기를 학수고대하지만 초보들 손에서는 그런 물건은 절대로 나오지 않는다. 첫해에는 실패하고 실망한다. 그리고 요소 성분이 많은 화학 비료를 넣으면 그것이 가능해진다는 것을 알고는, 망설이다가 결국 그 방법을 쓰는 경우가 많다. 옆에서 이런 모습을 지켜보고 있노라면 백 배 공감하며 웃음이 슬며시 나온다.

그런데 생각을 바꾸면 그럴 필요가 있을까 싶다. 늦가을에 김장배추를 추수하기 이전까지 자잘한 것부터 열심히 솎아서 겉절이, 배춧국, 나물 등으로 해 먹어도 된다. 사실 이 맛이야말로 마트 물건에서는 기대하기 힘든 것들이다. 마트에 진열된 얼갈이배추란 얼갈이배추 종자로 키운 좀 싱거운 맛의 것들이기 때문이다. 김장배추 종자에서 나온 것들은 어린 배추여도 일반적인 얼갈이배추와는 맛이 다르다. 이렇게 초가을부터 열심히 솎아서 먹는 즐거움을 만끽한 후에, 초겨울에 알이 굵어진 것들 몇 개를 뽑아 김장을 하면 되는 것이다. 물론 그때에 이르러서도 속은 꽉 차지 않은 것들이 태반이다. 그럼 어떤가. 질기지만 맛이 진한 배추이니 그것 역시 별미이다. 알이 꽉 찬 통배추는 프로 농사꾼들이 키운 배추가 얼마든지 있다. 그거 사다가 김장을 하면 된다. 농사를 전문으로 할 것도 아니면서 괜히 농사꾼과 경쟁하려 드는 심리, 프로 농사꾼의 물건을 기준으로 삼는 사고를 버려야 한다. 그러면 만사 오케이다.

이렇게 몇 년 텃밭 농사를 짓고 나면 같은 작물이라도 시기에 따라 맛이 다 달라지고 시장에 나오기 힘든 시기에 수확한 것들이 맛이 더 있는 경우도 많다는 것을 자연스럽게 알게 된다. 배추만이 아니다. 예컨대 봄에 번듯한 모양으로 내놓은 잎상추는 겨우내 온실에서 여러 번 수확한 포기의 것이라 다소 뻣뻣하다. 그에 비해 지저분해 보이는 작은 솎음 상추는 봄에 심어 키운 것이라 훨씬 연하고 맛있다. 부추 역시 마찬가지이다. 봄에 길고 훤칠한 부추를 예쁘게 단으로 묶어 파는 것이라면, 역시 온실에서 겨우내 베어 내고 또 베어 내며 수확한 것이다. 그에 비해 가느다랗고 짧은 부추를 단으로 묶지도 못하고 그저 한 줌씩 집어서 파는 것이라면, 봄에 바로 싹 튼 것을 베어 온 것이다. 맛은 비교 불가이다. 이런 건 한두 번 겪어 보면 그냥 자연스럽게 알게 된다. 눈썰미가 생기는 것이다.

혼히 아는 만큼 보인다는 말을 많이 한다. 그건 문화재를 볼 때만이 아니다. 무엇이든 마찬가지이다. 농사를 지어 보면 식재료가 보이기 시작한다. 그리고 한때 나와 함께 이 땅에 살다가 내 식탁에 오르는 그 식재료에 대해 애정을 갖게 된다. 위대한 식재료를 생산하는 사람들에 대한 애정이 생기는 것은 말할 것도 없다.

6. 귀 명창이 명창을 키운다

소농은 중요하다

이렇게 얘기를 하다 보니, 결국 내가 권하는 방식은 한 가족 정도가 경작하는 작은 규모의 농산물을 추천하게 된다는 것을 깨닫게 된다. 괜찮은 농장을 알아 두었다가 직거래하고 함지박 들고 나오는 할머니들의 물건을 좋은 눈썰미로 알아보는 것들이 다 그렇다.

이런 소농이 참으로 중요한 존재이다. 규모를 키운 산업 농이 우리의 밥상을 지배하는 세상이 되었으니 더더욱 그렇다. 소농이 있어야만 생물 종의 다양성이 유지된다. 대규모의 산업 농은 자본주의 사회의 속성상 최대 이윤을 만들기 위해 노력할 수밖에 없고, 많은 것을 규격화하고 단일화한다. 그러다 자연재해처럼 병충해가 창궐하면 속수무책이 되는 경우가 많다. 유전자 조작 식품의 확대에 대한 경고가 일각에서 계속 나오고 있음에도 불구하고, 그것은 점점 확대되어 우리나라에서까지 유전자를 조작한 작물을 키우게 될 지경에 이르렀다. 거대한 기업농이 지배하며 전 세계 대부분의 바나나를 단일한 종으로 만들어 버린 상황에서, 이들이 취약한 변종 파나마병이 돌아 바나나가 거의 멸종 위기에 처할 수도 있다는 뉴스가 종종 나오고 있다.

위대한 식재료는 위대한 소비자가 만든다

요즘 텔레비전 예능 프로그램에서는 '아이돌 키우기'가 붐을 이루고 있다. '갓다니엘'란 별명을 지닌 가수는 그렇게 탄생했다. 팬클럽 문화와 오디션 프로그램을 결합하여 시너지 효과를 내는 것이다. 아주 고도화된 연예 매니지먼트 기법을 보는 셈이지만, 늘 그렇듯이 효과가 있는 기법이란 아주 터무니없는 것은 아니다. 말하자면 방송에서 '아이돌 키우기' 프로그램을 만들고 연예 기획사가 팬클럽을 공들여 관리하는 것은 모두 자신들의 성패가 바로 연예인의 역량만이 아니라 수용자 대중의 지지에 달려 있다는 냉엄한 사실을 명확하게 깨닫고 있기 때문이다. 가요계에 돌풍이 불어 조용필이나 서태지 같은 슈퍼스타급의 인물이 나오는 시대라면 기획자는 이들 뒤에서 조용히 관리만 해도 된다. 하지만 그런 시대가 아닌 때에는, 이렇게 나서서 수용자를 조직하고 부추겨야 대중음악 산업이 유지되는 것이다. 지금은 그 기법이 지나치게 적극적이어서, 수용자들을 인위적으로 부추기며 몰아가고 있다는 생각에 입맛이 좀 씁쓸하긴 하지만 말이다.

앞에서도 말했지만 판소리계에서도 '귀 명창', 즉 듣는 귀가 우수한 관객이 명창보다 더 중요하다 했다. '1고수 2명창'이란 말도 있는데, 이것은 앞에 나서는 소리꾼보다 뒷받침해 주는 고수(북 반주자)가 공연의 성패를 가늠하며, 좋은 고수 하나 키우는 것이 명창 키우기보다도 더 힘들다는 것을 의미하는 말이다. 그런데 이 정도 말이 유행하던 때는 판소리를 하기만 하면 인기가 있던 시절이다. 20세기 전반만 하더라도 판소리 잘하는 소리꾼은 음반과 공연에서 모두 대중가요 가수를 능가하는 인기를 누렸다. 그런데 그 인기는 점차 떨어졌고, 이제는 소리를 잘해도 그 소리를 알아들어 주는 사람이 그리 많지 않은 시대가 되었다. 그러니 고수와 명창보다 귀 명창이 더 중요한 시대가 된 것이다. 귀 명창이 있어야 소리꾼과 고수가 존재하고 성장할 수 있는 것이다.

위대한 식재료는 위대한 소비가 만드는 것이다. 들어주는 귀가 점점 '후져지면' 소리를 '후지게' 하는 소리꾼만 판을 치게 된다. 알아주는 사람이 없으니 더 잘할 필요가 없기 때문이다. 위대한 소비를 하는 까다로운 소비자들이 많아질수록 위대한 식재료를 만드는 사람들은 그 까다롭고 힘든 일을 신명나게 하게 될 것이다.

사진 저작권

©권혁재

1부	소금	22, 33, 36-37
	장	66, 68-69, 73
2부	시금치	8, 119, 124-125, 127
3부	돼지고기	156, 157, 161
4부	멸치	208-209, 211, 214
	굴	221, 224-225, 228
5부	딸기	254-255, 258, 263
	귤	306, 313, 316-317

©중앙일보

사진 신동연

2부	채소	85, 94-95(중앙일보 2013년 6월 21일자)
	콩	110-111(중앙일보 2012년 11월 9일자)
3부	꿀	175(중앙일보 2012년 9월 7일자)
4부	주꾸미	194-195(중앙일보 2013년 4월 12일자)
	명란	242(중앙일보 2013년 1월 18일자)
5부	블루베리	272-273(중앙일보 2013년 8월 16일자)
	포도	288-289(중앙일보 2012년 10월 12일자)
	막걸리	325, 332-333(중앙일보 2012년 12월 14일자)

사진 박종근

| 1부 | 쌀 | 50-51(중앙일보 2011년 10월 27일자) |
| 3부 | 달걀 | 146-147(중앙일보 2011년 12월 1일자) |

감사의 말

이 책은《중앙일보》의 연재 글을 묶은 것이다. 이지영 기자의 끈질긴 청탁과 놀랄 만한 추진력이 아니었으면 아마 이 연재는 성사되지 못했을 것이다. 취재원 교섭부터 취재 동행까지 충실한 기획자로서 능력을 보여 준 그에게 고마움의 말씀을 올린다.

사진을 맡아 주신 중앙일보사 소속 세 분께도 감사의 말씀을 올린다. 신동연 선생과는 이른 봄 추운 새벽에 흔들리는 주꾸미 배를 함께 탔고, 권혁재 선생은 한여름 신안군 염전부터 한겨울 포항 시금치 밭에서까지 좋은 그림을 건지느라 고생이 자심했다. 달걀과 쌀 취재에 함께 한 박종근 선생은 시골 출신 특유의 부드러운 친화력으로 취재원을 편안하게 해 주셨다. 이분들의 좋은 사진이 없었으면 이 책은 나올 수 없었을 것이다.

위대한 식재료

1판 1쇄 찍음 2018년 7월 20일
1판 1쇄 펴냄 2018년 7월 27일

지은이   이영미
발행인   박근섭·박상준
펴낸곳   (주)민음사

출판등록   1966. 5. 19. 제16-490호
주소   서울특별시 강남구 도산대로1길 62(신사동)
            강남출판문화센터 5층 (우편번호 06027)
대표전화   515-2000 | 팩시밀리   515-2007
홈페이지   www.minumsa.com

ISBN   978-89-374-3797-7 (03590)